Secondary Atomization of Spray in Diesel Engines
——Dynamics of the Liquid/gas Interface Breakup Caused by Faraday Instability

柴油机喷雾液滴的二次雾化

法拉第不稳定性诱导气液界面破碎动力学

黎一锴　刘福水　著

北京理工大学出版社
BEIJING INSTITUTE OF TECHNOLOGY PRESS

图书在版编目（ＣＩＰ）数据

柴油机喷雾液滴的二次雾化：法拉第不稳定性诱导
气液界面破碎动力学／黎一锴，刘福水著．－－北京：
北京理工大学出版社，2022.5
　　ISBN 978－7－5763－1301－7

Ⅰ．①柴…　Ⅱ．①黎…　②刘…　Ⅲ．①柴油机—燃油
雾化—研究　Ⅳ．①TK421

中国版本图书馆 CIP 数据核字（2022）第 086761 号

出版发行／北京理工大学出版社有限责任公司
社　　　址／北京市海淀区中关村南大街 5 号
邮　　　编／100081
电　　　话／（010）68914775（总编室）
　　　　　　（010）82562903（教材售后服务热线）
　　　　　　（010）68944723（其他图书服务热线）
网　　　址／http：//www.bitpress.com.cn
经　　　销／全国各地新华书店
印　　　刷／保定市中画美凯印刷有限公司
开　　　本／710 毫米 ×1000 毫米　1/16
印　　　张／16.25
彩　　　插／2　　　　　　　　　　　　　　　责任编辑／徐　宁
字　　　数／290 千字　　　　　　　　　　　文案编辑／邓雪飞
版　　　次／2022 年 5 月第 1 版　2022 年 5 月第 1 次印刷　　责任校对／周瑞红
定　　　价／82.00 元　　　　　　　　　　　责任印制／李志强

前　言

气液界面的法拉第不稳定性（Faraday 不稳定性，即气液界面在周期振动激励下的失稳）是流体力学中的一个基础问题，在数学上涉及求解 Euler 方程或 Navier – Stokes 方程的初边值等问题。由于气液界面的数学处理复杂，再加上问题的非线性本质使得其相关研究和求解过程相当困难。传统法拉第不稳定性理论研究往往着眼初始平坦形状的自由液面，通过微扰条件下的线性近似，获得小变形条件下的失稳相图，这在一定程度上解释了液面失稳的机制并给出了失稳条件。但由于线性简化，实际大变形，尤其是法拉第不稳定性诱导液面破碎问题中的非线性特性被忽略了，而且很多工程问题中的初始液面并非平面，而这些非线性特性和非平表面效应在一些实际工程应用中起着非常重要的作用。

目前，内燃机缸内液滴的二次雾化仿真分析模型主要是基于 Kelvin – Helmholtz 不稳定性和 Rayleigh – Taylor 不稳定性建立的。随着内燃机技术的发展，喷雾的初始速度变快、缸内的湍流运动增强，使液滴所受惯性力的瞬变和脉动特性变得越来越剧烈。然而，由于在基于 Rayleigh – Taylor 不稳定性建立的雾化模型中，惯性力是假设恒定不变的，所以现有雾化模型不能准确反映缸内液滴二次雾化的机理。另外，关于 Faraday 不稳定性以往的相关研究主要集中在 Faraday 波如何产生及模态选择（pattern selection）的机制，对于更大振动激励下液面破碎，尤其是破碎阈值的研究较少，而这又是动力机械工程、医学工程、喷涂工艺工程等众多领域中非常关键的问题。因此，工程应用上需要深入研究动态激励下液滴表面破碎，即 Faraday 不稳定性诱导液滴破碎的问题。

本书是作者在长期从事 Faraday 不稳定性及液滴破碎等相关领域研究工作的基础上，结合国内外最新相关文献整理而成的。书中详细介绍了基于作者所设计实验系统的球面 Faraday 不稳定性诱导液滴破碎特性，并基于 Floquet 理论给出了球面 Faraday 不稳定性的线性解析解，给出了不同振动工况下的液滴表面最不稳定模态，并且得到了实验验证。本书还详细介绍了用于气液界面模拟捕捉的 CLSVOF 方法，并基于此方法研究了 Faraday 不稳定性作用下液线形成 – 发展 – 破碎的过程，揭示了大变形下非线性特性对细长液线及后续液线破碎的机理，最后给出了液滴破碎的阈值条件。

全书由 6 章组成。第 1 章为本书研究的背景及目前国内外的研究现状。第 2 章为实验结果，主要包括实验系统介绍和光学测试结果分析。第 3 章为球面 Faraday 不稳定性的理论分析。第 4 ~ 6 章为 Faraday 不稳定性作用下液面变形及破碎的仿真研究，主要包括液线形成及液滴破碎机理、破碎阈值分析及球面 Faraday 不稳定性多参数研究。

本书的主要读者对象为高校动力工程及工程热物理、流体力学、应用数学等相关专业的高年级学生、研究生及教师。

在本书的撰写过程中，研究生康宁、张妹、吴清等进行了部分研究及相关材料的收集和整理工作，特此致谢。作者还要感谢日本名古屋大学的梅村章教授、日本岛根大学的新城淳史教授对作者科研工作的精心培养和指导，感谢香港理工大学的张鹏教授、中科院力学所吴坤副研究员对数学理论方面的帮助和指导。

由于作者水平有限，书中错误之处在所难免，恳请读者批评指正，提出宝贵意见。

编　者

目　　录

第 1 章　绪论 ……………………………………………………………… 1

第 2 章　**Faraday 不稳定性下液滴雾化过程和特性研究** …………… 9

　2.1　Faraday 不稳定性研究进展 ……………………………………… 9

　　2.1.1　线性理论分析的研究进展 ……………………………… 9

　　2.1.2　Faraday 波的研究进展 ………………………………… 12

　　2.1.3　液体雾化的研究进展 …………………………………… 15

　2.2　实验原理及方法 …………………………………………………… 19

　　2.2.1　实验系统设置 …………………………………………… 19

　　2.2.2　实验步骤和数据处理 …………………………………… 24

　2.3　实验结果分析 ……………………………………………………… 28

　　2.3.1　液滴的雾化特性实验研究 ……………………………… 29

　　2.3.2　系统参数对雾化特性的影响规律研究 ………………… 37

第3章　球面 Faraday 不稳定性的线性理论分析 ················· 45

3.1　不稳定性的线性理论分析思路 ················· 45

3.2　球面 Faraday 不稳定性的通用色散关系求解 ················· 46

3.2.1　实验液滴的物理模型 ················· 46

3.2.2　控制方程和边界条件 ················· 48

3.2.3　控制方程和边界条件的线性化 ················· 49

3.2.4　界面压强分布的求解 ················· 52

3.2.5　通用色散关系 ················· 54

3.3　无黏液滴的不稳定性分析 ················· 56

3.3.1　色散关系的简化 ················· 56

3.3.2　系统参数对液滴不稳定性的影响规律研究 ················· 57

3.3.3　无黏液滴的中性稳定边界 ················· 62

3.3.4　气/液密度比对液滴不稳定性的影响 ················· 66

3.4　黏性液滴的不稳定性分析 ················· 70

3.4.1　黏性液滴的 Mathieu 方程 ················· 70

3.4.2　液滴黏性对中性稳定边界的影响 ················· 73

3.4.3　液滴黏性对不稳定模态的影响 ················· 75

3.5　液滴表面最不稳定模态的研究 ················· 77

3.5.1　线性增长率的等高线图 ················· 77

3.5.2　Lang 方程的理论验证 ················· 80

3.5.3　黏性液滴表面的最不稳定模态 ················· 82

第4章　Faraday 不稳定性液线形成机理 ················· 87

4.1　二维 Faraday 单模态不稳定性液线形成机理 ················· 87

4.1.1　数值计算方法 ················· 88

4.1.2　Mathieu 方程 ················· 102

4.1.3　数值验证 ················· 104

4.1.4　液线形成动力学 ················· 107

4.2　三维 Faraday 单模态不稳定性液线形成机理 ················· 123

　4.2.1　数值计算方法 ····················· 123

　4.2.2　表面变形演化过程 ················· 128

　4.2.3　液线形成机理 ····················· 131

　4.2.4　液滴形成机理 ····················· 133

　4.2.5　低速射流类比 ····················· 140

附录 A　尖端收缩速度 ······················· 145

附录 B　稳定毛细波波长 ····················· 146

附录 C　加速射流的尖端收缩速度 ············· 147

第 5 章　Faraday 不稳定性诱导喷雾的阈值条件 ········· 149

5.1　实验启示 ····························· 149

5.2　数值策略 ····························· 151

5.3　喷雾形成的阈值条件 ··················· 154

　5.3.1　非雾化情况 ······················· 156

　5.3.2　雾化情况 ························· 159

　5.3.3　近临界情况 ······················· 165

　5.3.4　理论分析 ························· 167

　5.3.5　三维修正 ························· 172

　5.3.6　Lang 方程的解释 ··················· 172

5.4　初始扰动的影响 ······················· 173

第 6 章　球面 Faraday 不稳定性液滴雾化机理 ··········· 177

6.1　二维轴对称气液界面的 CLSVOF 捕捉方法 ····· 177

　6.1.1　CLSVOF 方法概述 ··················· 177

　6.1.2　计算算法 ························· 181

　6.1.3　数值计算结果和分析 ··············· 194

6.2　Faraday 不稳定性下液滴表面变形及液线生成机理 ········· 206

　6.2.1　网格校核和实验验证 ··············· 207

6.2.2　液滴雾化的机理研究　⋯⋯⋯⋯⋯⋯⋯⋯⋯⋯⋯⋯　210

6.3　无量纲参数对液滴雾化特性的影响规律　⋯⋯⋯⋯⋯⋯⋯　217

6.3.1　无量纲参数的影响规律分析　⋯⋯⋯⋯⋯⋯⋯⋯　218

6.3.2　液滴雾化的临界条件　⋯⋯⋯⋯⋯⋯⋯⋯⋯⋯⋯　223

参考文献 ⋯⋯⋯⋯⋯⋯⋯⋯⋯⋯⋯⋯⋯⋯⋯⋯⋯⋯⋯⋯⋯⋯　227

第 1 章

绪 论

内燃机由于其热效率高、功率范围广而被广泛应用于农业、工业、交通和国防建设等各个领域。在可预见的未来，内燃机在移动式动力装置中仍将占有支配地位[1]。与此同时，内燃机行业的飞速发展也带来了日益严重的能源短缺与环境污染等问题。目前，内燃机的燃烧仍主要消耗不可再生的石油资源，其消耗量占全球总石油消耗的 70% 左右[2]。作为一个对石油进口依赖度较高的国家，为了确保能源供应安全，我国制订了相当严格的乘用车油耗标准[3]。另外，内燃机的燃烧排放物是城市大气环境的主要污染源，尤其是颗粒物（PM）的排放是造成城市雾霾的重要原因之一，已成为近几年公众关注的热点问题。为了控制庞大的内燃机保有量带来的环境污染问题，我国国 V 及国 VI 阶段排放法规已分别于 2017 年及 2020 年开始全面实施，其排放限制更为严格[4]。从以上国家日趋严格的油耗标准和排放法规可以看到，提高热效率、降低燃油消耗、减少污染物的排放，实现内燃机的节能减排，不仅是未来内燃机的持续发展目标，也是落实国家节能环保政策的重要工作。

为了实现动力燃料的节能和清洁转换，出现了以增压和缸内直喷为代表的先进汽油机技术[5,6]以及以高增压和高压喷射为代表的先进柴油机技术[7,8]。这两种直喷式内燃机的共同特点是将燃油直接喷入气缸与空气实现混合并进行扩散燃烧。这种燃烧方式的燃烧效率和燃烧生成物很大程度上取决于燃油的雾化效果。燃油雾化质量越高，液滴尺寸越小，面容比越大，蒸发扩散效果越好，燃烧更加充分，能量利用率越高，高温缺氧造成的颗粒排放也越少。因此，弄清燃油的雾化过程，深入掌握雾化机理，组织合理充分的燃烧过程是实现内燃机节能减排的根本途径。

在直喷式内燃机中，燃油的雾化大体上可以分为两个过程[9]。液态燃油被喷入燃烧室之后，在空化和表面张力波等因素的作用下，连续液柱会发生所谓的"初次破碎"（或称"初始雾化"），即分裂破碎成团块、条带、液丝和液滴等大小形状各异的离散结构。在这些初次雾化的产物中，较大的团块或液滴在其运动过程中由于受到气动力、惯性力、黏性力和表面张力等各种力的相互作用，会继续分裂破碎成更小的液滴，这个过程称为"二次破碎"（或称"二次雾化"）。这样，大尺度的连续液柱最终破碎成小尺度的容易蒸发和燃烧的液滴。二次雾化过程决定着喷雾的最终特性，如平均液滴尺寸、贯穿度和燃油浓度分布等，而这些特性影响着液滴的蒸发、油-气混合和燃烧等过程，进而影响燃烧效率与颗粒物等排放的生成。因此，阐明缸内燃油液滴的二次雾化机理是弄清燃油雾化过程的基础，是控制直喷式内燃机缸内燃油扩散燃烧的关键。

对液滴二次雾化机理的实验研究通常是通过对特定流场中液滴的变形、破碎过程进行观察而实现的。Hsiang 等[10,11]对激波扰动诱导液滴雾化过程进行了实验研究，观察到了在低 Ohnesorge（*Oh*）数下，随着 Weber数（*We*）的增加，液滴经历了无变形、非振荡变形、振荡变形、袋式破碎、多模态破碎以及剪切破碎等过程，并得到了液滴破碎后子液滴的尺寸分布规律。Hwang 和 Reitz 等[12-14]对空气射流诱导液滴雾化过程进行了实验研究，类似的，他们观察到在不同 We 数范围内，液滴出现袋式破碎、剪切破碎、拉伸变薄式破碎以及爆发式破碎。Dinh[15]采用了一种新的实验方法，应用稀薄的低密度气体对燃烧室中的燃料液滴微小的尺度进行补偿，并以此研究了液体燃料爆轰发动机中特定的高马赫（Ma）数、低 We 数破碎机制的液滴破碎过程。Oritz 和 Joseph 等[16,17]实验研究了高 We 数和雷诺（Re）数下黏性和黏弹性液滴在激波后高速气流中的变形破碎过程。经过测算，液滴的加速度是重力加速度的 $10^4 \sim 10^5$ 倍，他们认为这样大的加速度使得变形后扁平的液滴极易受到 Rayleigh – Taylor（RT）不稳定性的作用。国内，耿继辉[18]利用方形激波管研究了激波诱导的液滴变形和破碎现象，分析了激波与液滴相互作用以及液滴加速、变形和破碎过程。研究发现，初始液滴形状对液滴变形和破碎过程有显著的影响。蒋德军等[19]以甘油 – 水为研究对象，对黏性液滴在空气射流流场中的二次雾化进行了实验研究，发现随着 We 数的增加，单个液滴依次呈现不同的破碎模态。林长志和郭烈锦等[20]利用逆向旋转透明 Couette 装置和微距摄像技术研究了剪切流动中液滴的破碎过程，实验结果揭示了临界液线（ligament）直径和无量纲毛细波长与剪切率和初始液滴尺寸的关系。

　　虽然实验能给出定性的宏观现象学分析结果，但是由于液滴二次雾化过程中存在时间和空间尺度都非常小的子液滴破碎过程，测试手段和精度的限制使得实验很难完整地观察到这些小尺度液滴形成的物理过程，因而纯粹的实验研究对液滴破碎的细观过程和微观机理的定量阐释还比较有限。

　　随着计算机速度和容量的不断提高，利用数值模拟方法研究二次雾化机理近年来越来越受到关注。数值模拟的最大优点是能够提供实验中较难观察测量到的物理信息以从微观角度研究雾化机理。Han 等[21,22]利用 front tracking 的方法对气体射流中低密度比（液/气密度比 < 10）的液滴二次雾化过程进行了数值模拟，捕捉到了实验中观察到的袋式破碎、拉伸变薄式

破碎等雾化模态。Aalburg 等[23]利用 Level – set 方法对较高密度比的激波扰动诱导液滴二次雾化过程进行了数值研究，他们得到的雾化模态转化阈值大致与 Hsiang 等[10]的实验结果相符。Quan 等[24]利用一种拉格朗日的界面粒子追踪法模拟了在激波扰动中液滴的变形过程，研究了表面张力系数、气/液密度比等物性参数对液滴阻力系数的影响规律。国内，虞育松和李国岫[25]采用气液两相流大涡模拟对燃油雾化过程进行数值模拟，讨论了射流初始扰动的产生机理及燃油雾化机理。蔡斌等[26]通过流体体积法（Volume of Fluid，VOF）和大涡模拟技术（Large Eddy Simulation，LES）对液滴在气流中的破碎过程进行了模拟，简要分析了初始 We 数、Re 数和气液密度比对液滴破碎过程的影响。魏明锐等[27]同样利用 VOF 和 LES 方法对射流的初始破碎和二次雾化进行了模拟，直观定性地呈现了液滴的分裂、融合等过程。刘红和解茂昭等[28]采用 VOF 与网格局部瞬时加密技术相结合的方法模拟了单液滴撞击薄液膜产生二次雾化的过程，研究了液滴初始动能、表面张力以及液体黏性的影响。刘静和徐旭[29]利用水平集法（Level – set）分析了恒定气流场中初始静止单液滴的变形破碎过程，讨论了气体 We 数、Re 数等无量纲参数对单液滴变形破碎过程的影响。

从以上的研究结果来看，国内外学者将内燃机缸内液滴的二次雾化主要归因于气 – 液界面扰动波的不稳定性[12-14]，包括由于气 – 液速度差引起的沿气 – 液界面切向的扰动波不稳定性（Kelvin – Helmholtz 不稳定性，即 KH 不稳定性）和由于惯性力引起的沿气 – 液界面法向的扰动波不稳定性（RT 不稳定性）。基于这些研究成果，国内外研究者们提出了各种面向实际计算的雾化模型[30-37]。Reitz[38]基于 KH 不稳定性理论提出了第一个面向实际计算应用的液体雾化模型 WAVE，这也是目前在内燃机燃烧仿真模拟软件（如 KIVA，FIRE 等）中应用非常广泛的一个模型。由于原始的 WAVE 模型假设液体被射离喷嘴后在喷嘴附近形成的离散团块（blob）或母液滴与喷嘴的直径相等，所以在喷嘴附近很难形成燃油蒸气，这与实验结果不符。为解决这个问题，AVL 公司提出了 WAVE Child 模型，在液体射离喷嘴后，人为地将母液滴的一部分液体体积剥离并形成直径很小的子液滴以利于快速蒸发形成燃油蒸气。但这两个模型存在两个问题：①从母液滴上剥离的液体体积以及剥离后子液滴的尺寸分布需要人为给定，缺乏必要的物理意义；②只考虑了沿气－液界面切向的扰动波不稳定性，而忽略了惯性力引起的沿气－液界面法向的扰动波不稳定性对液滴二次雾化的影响，而后者在高功率密度的柴油机中是不可忽略的。考虑到惯性力的作用，Su 等[34]随后提出了 KH－RT 模型。他们认为当高速液滴受空气阻力较大时，在液滴迎风面会产生 RT 扰动波，而 RT 波的不稳定性也是液滴二次雾化产生的来源之一。KH－RT 模型综合了沿气－液界面切向和法向的扰动波不稳定性，较 WAVE 模型能更准确地反映柴油机内的二次雾化过程，但这个模型仍然存在以下问题：①从 RT 破碎模型在柴油机缸内液滴二次雾化的应用上来看，主要关注的是 RT 波波谷不断发展进而使液滴破裂成较大子液滴的过程［图 1.1（a）］，这在最不稳定 RT 波波长（与惯性力成反比）与母液滴尺寸相近时无疑是正确的；但当最不稳定 RT 波波长远小于母液滴时，RT 波波峰顶部更容易发生夹断（pinch－off）[39]破碎，形成尺寸远小于母液滴的子液滴［图 1.1（b）］，这种破碎模式在以往的RT 破碎模型中并未得到重视。②实际柴油机缸内的气流运动是强瞬变、强脉动的湍流，因此液滴受到的惯性力也应该具有强瞬变和强脉动的特性；而在 RT 不稳定性中，液滴受惯性力是恒定值，这显然与真实情况有较大差距，而且随着高功率密度柴油机对喷油压力和转速的要求越来越高，这种差距会更大。这些问题在其他研究者提出的模型中同样存在，造成现有的雾化模型在实际计算时产生较大的误差，进而严重影响整个喷雾燃烧计算的精度。更好地改进完善二次雾化模型需要我们对二次雾化机理进行更深入的探讨。

从以上的分析可以看出，在直喷式内燃机中，由于喷雾初始速度很高、气－液间相对速度很大，因而液滴所受的惯性力是相当大的；同时，直喷式内燃机缸内流场的湍流效应很强，气流运动的强瞬变性和强脉动性

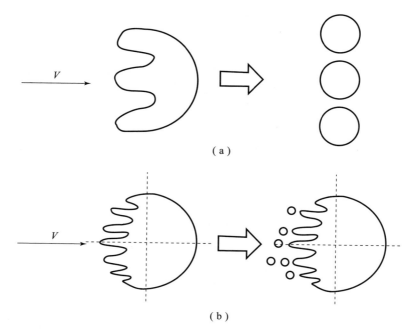

图 1.1　两种不同波长的法向扰动波破碎模式

（a）R-T 波波长与母液滴尺寸接近时，液滴破裂成较大子液滴；

（b）R-T 波波长远小于母液滴时，顶部发生夹断破碎形成小液滴

使得缸内燃油液滴受到的惯性力同样是动态的，因此对这种动态惯性力作用下表面张力波（Faraday 波）诱导液滴雾化过程的深入理解是揭示直喷式内燃机中液滴二次雾化机理、建立高精度二次雾化模型必要的理论基础。但是，以往的研究往往是在某一特定气流场中喷入液滴，观察或模拟其在气流场中的变化过程而进行的。在这样的设置下，虽然初始气-液相对速度能通过调整气流的喷入速度进行控制，但后续液滴运动过程中的气-液相对速度的变化却具有随机性，造成作用于液滴上惯性力的不可控，难以对动态惯性力下液滴的雾化机理进行定量的研究。

　　本书从实验、理论和数值仿真三方面入手，对直喷式内燃机二次雾化的基础科学问题——Faraday 不稳定性问题进行了全面的分析和研究。研究成果将为补充和完善缸内高精度的二次雾化模型提供理论基础，而且为

提高直喷式内燃机的燃烧和排放性能提供理论指导，对实现现代内燃机能量的高效利用和清洁燃烧具有重要的科学意义。

具体的研究内容如下：

第 2 章介绍了 Faraday 不稳定性作用下液滴雾化的可视化实验系统及雾化过程和特性的实验结果，分析了不同系统参数对雾化特性的影响规律。第 3 章利用 Floquet 分析对球坐标系径向加速度作用下的 Faraday 不稳定性进行了线性理论求解，获得了不同实验工况下液滴表面的最不稳定模态。第 4 章利用气 – 液界面捕捉方法对 Faraday 不稳定性作用下二维和三维液线的演化过程进行了直接数值模拟，探明了液线的生成机理，并与传统低速射流理论进行了类比。第 5 章通过系统的数值模拟分析了 Faraday 不稳定性诱导喷雾形成的阈值条件，并用理论进行了验证。第 6 章基于二维轴对称数值仿真模型，对球面 Faraday 不稳定性下液滴的雾化过程和机理进行了数值模拟，在较广的参数范围内总结了无量纲参数对液滴雾化邦德数阈值的影响规律。

第 **2** 章

Faraday 不稳定性下液滴雾化
过程和特性研究

2.1　Faraday 不稳定性研究进展

Faraday 不稳定性起源于 1831 年 Faraday[40] 通过观察正弦振动平板上不同液体（包括水、墨水、酒精、松脂、牛奶和蛋清）的表面变形发现：在振动平板的激励下，液体表面会产生驻波，并且表面驻波的激振频率是平板振动频率的一半。自此，越来越多的学者开始关注 Faraday 不稳定性，并且针对 Faraday 不稳定性开展了许多深层次的科学研究。

2.1.1　线性理论分析的研究进展

1954 年英国剑桥大学 Benjamin 和 Ursell[41] 针对理想流体的 Faraday 不稳定性进行了线性理论分析。他们以某方形容器中深度为 y_0、密度为 ρ_L

的理想液体为研究对象，其中容器以恒定的角频率 ω 和位移振幅 Δ_0 在竖直方向上振动，通过对 Euler 方程和边界条件进行线性化处理，推导出一个标准的 Mathieu 方程[42]：

$$\begin{cases} \dfrac{\mathrm{d}^2\delta}{\mathrm{d}\tau^2} = (X\sin\tau - Y) \cdot \delta \\[2mm] X = k\Delta_0\tanh(ky_0) \\[2mm] Y = \dfrac{\alpha k^3\tanh(ky_0)}{\rho_L\omega^2} \end{cases} \qquad (2.1)$$

式中，δ 为液体表面波的振幅；$\tau = \omega t$，t 为时间；k 为波数；α 为表面张力系数；X 和 Y 为与流体物性、振动参数和表面波波数有关的参数，其物理意义表示起失稳作用的惯性力和起稳定作用的表面张力分别对液体表面波振幅的影响。

该方程可以看作是液体表面初始无穷小扰动在正弦惯性力的作用下其振幅不断发展的控制方程，液体表面是否稳定取决于参数 X 和 Y。将 X、Y 分别作为横、纵坐标，可得到一张不稳定性参考表，如图 2.1 所示，阴影

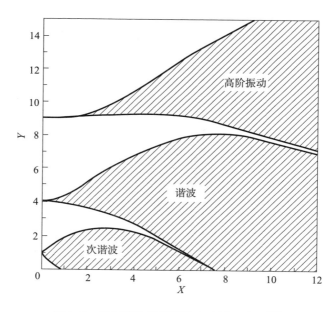

图 2.1 理想液体表面不稳定区域示意图[41]

部分为不稳定区域，其他为稳定区域。根据 Benjamin 和 Ursell 的理论，在 Faraday 不稳定性的作用下液体表面将会出现次谐波、谐波或高阶振动等模态，即表面波的振动频率是惯性力频率的 $k/2$ 倍，其中 $k = 1，2，3，\cdots$。由图 2.1 还可以发现，每个不稳定区域均从 $X = 0$ 开始，因此从理论上讲液体表面出现次谐波、谐波或高阶振动等模态的概率应该是均等的。

但是，在实验过程中实际观察到次谐波出现的概率却远远大于其他振动模态出现的概率。Eisenmenger 和 Miles[44,45] 认为其原因可能是由于 Benjamin 和 Ursell 的理论没有考虑液体黏性的影响，于是他们通过简单地在 Mathieu 方程中增加一个线性阻尼相来模拟液体的黏性效应，但是所得结论与实验现象并不完全相符。

随后，Kumar 和 Tuckerman[46-48] 从 Navier – Stokes（NS）方程出发，对水平黏性液层的 Faraday 不稳定性进行了线性理论分析，研究了液体黏性对 Mathieu 方程不稳定区域的影响。他们认为由于实验流体中存在黏性耗散，导致真实流体的不稳定区域均向右移动一定的距离，如图 2.2 所示。

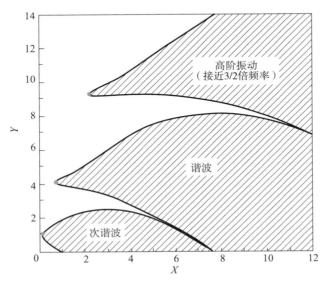

图 2.2　黏性液体表面不稳定区域示意图

由图 2.2 可知，因为次谐波不稳定区域的左端向右移动的距离最小，所以实验观察到次谐波出现的概率远远大于其他模态出现的概率。此外，Kumar 通过理论分析得到的液体表面刚开始发生不稳定现象时的惯性力阈值与文献 [49, 50] 的实验结果一致。

进一步，Kumar[51] 又在线性化 N – S 方程的基础上，利用 Floquet 理论，研究了液体表面被表面活性剂覆盖的情况下 Faraday 波的形成过程，发现表面活性剂的存在能够增大或减小 Faraday 波形成时的阈值，且阈值主要由 Marangoni 数（表面张力梯度力与黏性力之比）控制。

总之，上述理论研究解释了在正弦惯性力下液体表面产生不稳定驻波的原因：惯性力对液体表面起失稳作用，表面张力对液体表面起稳定作用；液体黏性能够大幅减小高阶 Faraday 不稳定区域的面积，从而解释了为什么实验中很难观察到高阶 Faraday 波。但是，这些研究主要关注的对象是水平液层，对于球面液滴 Faraday 不稳定性的线性理论分析尚缺少相关文献的报道。另外，Faraday 不稳定性的线性理论分析对从水平界面向复杂界面（本书为球面）上扩展所带来的数学困难很大，虽然界面形状总体上不会给 Faraday 不稳定现象带来本质上的变化，但是定量上的改变也不容忽视。因此，球面液滴的 Faraday 不稳定性需要进一步的理论研究。

2.1.2　Faraday 波的研究进展

线性理论仅仅在表面波振幅较小时是有效的。随着表面波振幅的不断增长，当振幅增长到与波长相比在同一量级时，非线性影响将不能忽略，并且将在 Faraday 不稳定性中起主导作用。早期的文献通常采用合并高阶项的方法研究非线性对 Faraday 不稳定性的影响，具体研究内容与结论可查阅 Miles[52] 的综述性文章。

本书重点介绍的是，Faraday 表面波模态间的演变是 Faraday 不稳定性中一个非常有趣的非线性现象。随着惯性力不断增大，当大于某一阈值时，液体表面会出现各式各样模态的 Faraday 波，如在液体表面会出现平行的条形斑纹、方形的井纹、六边形格状纹以及五角星纹等[53-55]，如图 2.3 所示。

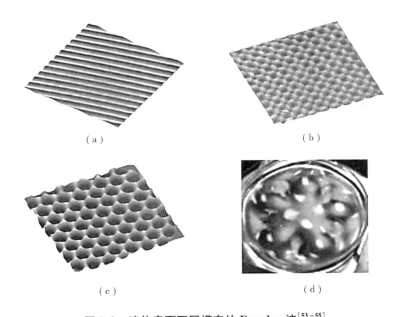

（a）　　　　　　　　　　　　　　（b）

（c）　　　　　　　　　　　　　　（d）

图 2.3　液体表面不同模态的 Faraday 波[53-55]

（a）条形斑纹；（b）方形井纹；（c）六边形格状纹；（d）五角星纹

美国佛罗里达州立大学 Zhang 和 Vinals[56-59]对这些 Faraday 波的模态进行了较为系统的理论研究，他们基于 N-S 方程推导出了 Faraday 波振幅的控制方程，可以用来预测 Faraday 波的模态，并且还总结出一张表格来直观地说明在某一液体黏性和振动角频率的条件下 Faraday 波会相应地出现哪一种模态，预测的结果与美国宾夕法尼亚大学 Kudrolli[60]的关于大纵横比下不同液体黏性的 Faraday 波的实验现象相吻合。

随后，荷兰爱因霍芬科技大学 Westra[61]又进行了大量扩展性的实验，并提出了一个简单的数学模型来模拟不同 Faraday 波模态间的演变，同时也验证了 Zhang 和 Vinals 的理论研究成果。西班牙马德里理工大学

Mancebo[62]通过弱非线性分析推导得到了 Faraday 波 3 种类型的 Ginzburg – Landau – like 振幅方程，其中方程的类型取决于波长以及液层深度与黏性长度的比值。日本大阪府立大学 Murakami[63]和阿根廷利托瑞尔国立大学 Ubal[64]数值仿真研究了液层深度和黏性对二维 Faraday 波的影响。法国科学研究中心 Perinet[65]三维数值仿真了不可压条件下两种互不相溶的液体在 Faraday 不稳定性的作用下 Faraday 波演变的动态特性，并且成功仿真得到了方形井纹和六边形格状纹，仿真结果与德国萨尔大学 Wagner[66]的实验现象吻合得很好。

国内，南京大学陈伟中和魏荣爵[67]理论研究了水平大宽高比黏滞液体的 Faraday 不稳定性，分析了三角波、方波激励下 Faraday 水波系统的起始不稳定性问题，研究了双频激励下的相对振幅和相位与 Faraday 波的时间响应模式之间的关系。

中国科学院力学研究所菅永军和鄂学全[68]利用奇异摄动理论的两时间变量展开法，理论研究了圆柱形容器中的单一水表面 Faraday 波的模态，在流体无黏、不可压的假设下，忽略表面张力的影响，推导得到了一个具有三次方项以及激励源项的非线性振幅方程，研究了特定模态下 Faraday 波的结构和特性。随后，菅永军和鄂学全[69]又基于上述方法对弱黏性流体进行理论分析，获得了表面波黏性系数的解析表达式，并将该黏性项添加到之前的理想流体非线性振幅方程中进行稳定性分析，得到了形成稳定 Faraday 波的必要条件。之后，菅永军和鄂学全[70]又考虑表面张力对理想流体 Faraday 波的影响，推导得到了一个包含外激励、三阶非线性项和表面张力影响的非线性振幅方程。结果表明，当惯性力频率较低时，表面张力对 Faraday 波的模态选择不重要；当惯性力频率较高时，表面张力的影响不可忽略。

台湾中央大学 Chen[71]采用二维数值仿真研究了不同模态相互竞争下 Faraday 波的非线性动态特性。燕山大学杜会静[72]实验研究了低黏度硅油在低频振动范围内 Faraday 波的特性，观测到了奇特且清晰的"油星星"

和其他丰富的 Faraday 波图案，如图 2.4 所示，并发现随着惯性力频率的增大，Faraday 波的模态变得越来越复杂。

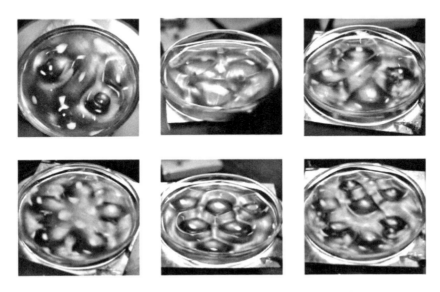

图 2.4　低频振动下硅油表面的 Faraday 波图案[72]

可见，Faraday 波受到了国内外学者的广泛关注。大量的实验、理论和数值仿真研究表明，Faraday 波的模态主要受惯性力的振幅和频率控制，液体黏性和液层深度会影响 Faraday 波模态的形状；当进一步增加惯性力的振幅，液体表面的 Faraday 波将会再次出现不稳定（Secondary instability）[73]，并出现时空混沌的状态（Spatiotemporal chaotic state）[60,66]。然而，这些结论主要是基于水平液面的 Faraday 不稳定性得到，球面上 Faraday 波的变形以及模态间的演变仍需要进一步的研究。

2.1.3　液体雾化的研究进展

当惯性力足够大时，液体表面 Faraday 波的变形将进一步加剧，继而产生液线或"尖钉"，然后尖钉继续增长，最终在尖钉的顶部生成液滴并从液体表面喷射出来，即发生雾化。

　　超声雾化技术就是基于这一现象发展起来的，其频率范围为 10 kHz ~ 1 MHz。1962 年，美国新泽西埃斯索公司 Lang[74]最早针对超声雾化进行了实验研究，总结得到了雾化后子液滴的平均直径与流体物性及惯性力频率有关的经验公式：

$$d_m = C \cdot 2\pi (\alpha / \rho_L)^{1/3} (2/\omega)^{2/3} \tag{2.2}$$

式中，$C = 0.35 \pm 0.03$；d_m 为雾化后子液滴的平均直径；α 为表面张力；ρ_L 为液体密度；ω 为液体表面的振动频率。

　　该经验公式是在无限深水平液层的假设下得到的，惯性力频率的适用范围为 10 ~ 800 kHz。

　　随后，为了更加准确地预测超声雾化后子液滴的粒径分布，印度利华公司 Rajan[75]更为系统地研究了液体物性（如黏性、密度和表面张力系数）、液体流量以及超声波的振动频率和振幅对雾化后子液滴粒径的影响规律。美国哈维姆德学院 Donnelly[76]利用超声雾化研究了液体气溶胶的雾化特性，测量发现气溶胶雾化后子液滴的粒径达到了微米级，而且平均粒径随超声波振动频率的变化规律与先前 Lang 得到的经验公式的规律相一致。英国曼彻斯特理工大学 Yule 和 Al – Sueimani[77,78]利用高速相机记录了超声雾化下 Faraday 波的变形和破碎过程，发现了液滴喷射位置的随机性以及液滴粒径分布的必然性，他们认为弗劳德（Fr）数（惯性力与重力之比）与液滴粒径或液体雾化过程无关。美国加利福尼亚大学 Pozrikidis[79]以及日本京都大学 Matsumoto[80]分别利用 boundary – integral 和 phase – field 方法数值仿真了尖钉的形成以及到尖钉顶端将要发生夹断的过程，与实验结果吻合良好。

　　另外，Faraday 不稳定性诱导液体表面发生雾化的阈值条件也引起了学者的兴趣。

　　美国埃默里大学 Goodridge[81 - 83]实验研究了低频（＜100 Hz）振动条件下液体表面能够喷射出稀少液滴的雾化阈值条件。研究发现，对于低黏液体，加速度振幅的阈值与表面张力和振动频率有关；对于高黏液体，加速度振幅的阈值与黏性和振动频率有关。美国佐治亚理工学院 Vukasinovic[84]实验研究了液滴在振动平板上发生雾化时加速度振幅的阈值，并且得到了与 Goodridge 关于低黏液体相似的结论，但是 Vukasinovic 得到的加速度振幅的阈值更大。印度理工学院 Puthenveettil[85]在惯性力频率为 25 ~ 100 Hz 条件下实验研究了从液体表面开始形成驻波到发生雾化的整个过程，并分别确定了驻波开始形成时的阈值条件和出现稀少液滴雾化的阈值条件。

　　由于实验误差以及评判标准不同，Goodridge 的评判标准为 10 s 内喷射出两个液滴，Vukasinovic 的评判标准为 2 000 个振动周期内喷射出 1 个液滴，Puthenveettil 的评判标准为 30 s 内喷射出 1 ~ 16 个液滴，所以导致他们得到的阈值条件会存在一定的差别。

　　上述文献主要关注的是具有一定深度的水平液层表面发生雾化的特性和机理，球面液滴在 Faraday 不稳定性的作用下也会产生驻波并发生雾化。美国明尼苏达大学 James 等[86]搭建了一个简易的振动实验系统，观察到了液滴在 Faraday 不稳定性作用下发生雾化的现象，如图 2.5（a）所示。他

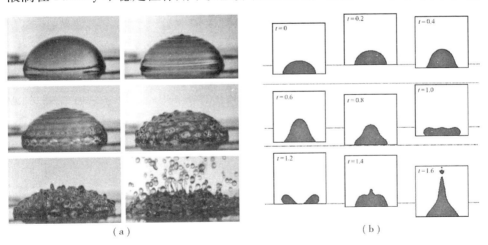

（a）　　　　　　　　　　　　　　　（b）

图 2.5　球面液滴发生雾化的实验和仿真结果[86,87]

（a）实验结果；（b）仿真结果

们还设计了一个一维的数学模型来模拟该振动系统工作机理，试图从振动能量的角度解释液滴发生雾化的物理原因。随后，James[87] 又利用轴对称的 VOF 方法数值仿真了液滴表面生成尖钉以及尖钉顶端破碎并形成子液滴的过程，如图 2.5 （b） 所示，并且研究了 Re、We、邦德（Bo） 数对液滴雾化特性（如子液滴的体积、速度以及雾化时间）的影响。

之后，美国佐治亚理工学院 Vukasinovic[88,89] 采用上述 James 的实验方法，研究了母液滴表面发生变形的过程以及液滴黏性对尖钉发生夹断的影响，得到了在惯性力频率约为 1 kHz 的条件下母液滴的雾化时间以及尖钉长度随毛细管数（黏性力与毛细力之比）的变化规律。同时，他们也测量了雾化后子液滴的平均粒径，研究了子液滴平均粒径随惯性力频率的变化规律。此外，日本静冈大学 Okada[90] 研究了振动频率在 10 ～ 700 Hz 范围内水滴的变形过程。荷兰特温特大学 Brunet[91] 利用从多孔基底中吹出的气流将水滴悬浮在空气中，并研究了气流速率对水滴表面振动模态的影响。美国明尼苏达大学 Friend[92,93] 通过在粘有压电陶瓷的基底上放置一个静止的液滴，研究了当表面声波经过液滴时液滴发生雾化的过程。

总之，关于液滴在 Faraday 不稳定性作用下发生雾化的研究仍然相对较少。虽然 James 等已较为详细地研究了振动液滴的雾化过程，但是他们主要关注的是振动系统本身导致液滴发生雾化的原因，并没有细究液滴在 Faraday 不稳定性作用下发生雾化的本质；虽然他们也仿真研究了液滴的雾化过程和特性，解释了子液滴的形成原因，但是很明显仿真结果和实验现象有很大的差别。如图 2.5 所示，仿真研究的是单波数下液滴表面的雾化，而实验是多波数复杂模态下的雾化。因此，仍然需要对 Faraday 不稳定性诱导液滴雾化的特性和机理开展进一步的实验和数值仿真研究。

2.2　实验原理及方法

2.2.1　实验系统设置

本书基于前人的实验思想，自主设计并搭建了一套惯性力频率和振幅可独立控制的单液滴雾化实验系统。图 2.6 为单液滴雾化实验系统的示意图和实物图。如图 2.6 所示，实验系统主要包括压电陶瓷片、支撑装置、控制单元和光学测试单元。实验原理是将液滴放置在一个高频振动的薄板上，使液滴伴随薄板一起作正弦运动，从而实现将正弦惯性力作用于液滴上的目的。

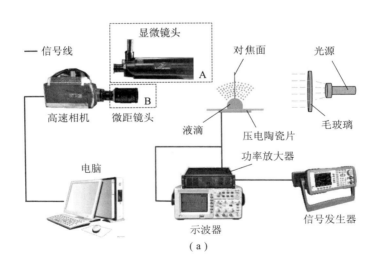

(a)

图 2.6　单液滴雾化实验系统的示意图和实物图

（a）实验系统的示意图

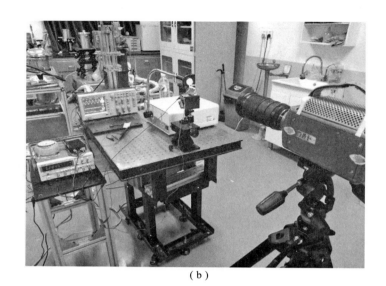

（b）

图 2.6 单液滴雾化实验系统的示意图和实物图（续）

（b）实验系统的实物图

1. 压电陶瓷片

压电陶瓷片是高频振动薄板中较优的选择。实验利用了压电陶瓷的压电特性：当在压电陶瓷的两端施加电压时，压电陶瓷内部的正负电荷会被极化并发生相对位移，从而导致压电陶瓷产生形变；当外加电压不断变化时，压电陶瓷的形变也随之变化，形变的频率与电压的频率相同，且电压越大，压电陶瓷形变的振幅越大。将压电陶瓷粘结在金属片上即可制成压电陶瓷片，然后在其两端施加正弦变化的电压信号，压电陶瓷片将会随之进行正弦运动[84]，从而实现将正弦惯性力作用于液滴上的目的。另外，本书主要研究的是 Faraday 不稳定性下波长较母液滴尺寸小得多的表面波波峰产生雾化的过程，并不研究波长较母液滴尺寸相当的表面波波谷不断发展使母液滴破碎成较大子液滴的过程，因此压电陶瓷片与液滴的接触对实验结果的影响是很小的。实验所使用的压电陶瓷片如图 2.7 所示。

图 2.7　实验所用压电陶瓷片的实物图

如图 2.7 所示，该图展示的是压电陶瓷片的下表面，内圈圆形部分为压电陶瓷，外圈环形部分为金属片；压电陶瓷和金属片的厚度分别为 0.1 mm 和 0.12 mm，其中压电陶瓷的材料为 PZT 5，直径为 20 mm，粘结在金属片的中心。通常情况下，压电陶瓷片的振动位移很小，需要利用共振（电压的频率等于压电陶瓷片的固有频率）来增加其振动位移，从而产生较大的惯性力。压电陶瓷片的固有频率与金属片的材料和直径有关。实验主要通过改变金属片的材料来制作不同共振频率的压电陶瓷片，且保证各金属片的直径均不小于 30 mm。

值得注意的是，当惯性力足够大时，液滴内部会出现局部压强小于其饱和蒸汽压的点，从而导致空泡的产生；空泡的溃灭同样会引起液滴的雾化，且这种雾化模式容易在较高频的振动条件下出现[94]。因此，为了避免空泡的干扰，实验主要研究在相对较低的振动频率（<6 kHz）不易产生空泡的条件下液滴的雾化过程。实验所用压电陶瓷片的固有频率分别为 1.1 kHz、1.4 kHz、2.5 kHz、2.9 kHz、3.5 kHz、5.5 kHz。

2. 支撑装置

支撑装置的作用是固定和调节压电陶瓷片的位置，使其保持水平。图 2.8 为支撑装置和水平校验的实物图。如图 2.8（a）所示，支撑装置主要包括夹子、磁铁、万向节和云台。夹子被吸附在磁铁上，磁铁具有开关功能，方便装卸；磁铁与万向节通过螺纹连接，万向节则固定在云台上。万向节可以在任意方向调节压电陶瓷片的位置，使其保持水平。云台可以在竖直方向上升降，微调压电陶瓷片在相机视窗中的竖直位置。在调节压电陶瓷片水平时，应使用质量尽可能小的水平仪。

（a）　　　　　　　　　　　　　　　（b）

图 2.8　支撑装置和水平校验的实物图

（a）支撑装置；（b）水平校验

3. 控制单元

控制单元的作用是控制压电陶瓷片的振动频率和位移振幅。图 2.9 为控制单元各部分的实物图，其中包括信号发生器、功率放大器和示波器。实验选用的信号发生器是优利德科技（中国）股份有限公司的 UTG 9000C型函数信号发生器，具有优良的幅频特性和稳定性，能够输出频率为0.2 Hz~2 MHz、幅值为 0~20 V 的各种波形的电压信号。信号发生器只起信号发生的作用，其输出的电压信号功率非常小，不足以驱动压电陶瓷片使液滴发生雾化，需要对其进行功率放大。实验选用的是郑州飞逸科技有限公司的 FPA 1000 型功率放大器，最大放大倍数为 10 倍，具有安全保护电路，最大输出电压为 80 V，最大输出功率为 100 W，能够满足实验的要求。经功率放大器放大的电压信号将通过导线加载到压电陶瓷片的电极两端。为了确定电信号加载到压电陶瓷片上之后是否失真，实验还使用了示波器来监测压电陶瓷片两端的电压信号。

图 2.9　控制单元的实物图

4. 光学测试单元

光学测试单元的主要作用是拍摄液滴从静止到发生雾化的过程。图 2.10 为光学测试单元主要设备的实物图，主要包括高速相机和光源。实验使用的高速相机是由美国 Vision Research 公司生产，型号为 Phantom V7.3，最高拍摄速度为 200 000 fps。实验时，相机共搭配了两种镜头分别用于拍摄液滴的雾化过程和压电陶瓷片的运动位移，镜头的参数分别为：①Tamron 微距镜头，焦距 180 mm，最大光圈 F 3.5；②Lavison 显微镜头，拍摄分辨率能达到微米级。光源采用的是亮度超高的氙灯，功率 250 W，亮度可调，最大照度可达 5 800 000 lx。

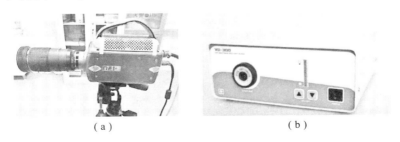

（a）　　　　　　　　　　　　　（b）

图 2.10　光学测试单元主要设备的实物图

（a）高速相机（微距镜头）；（b）光源

（c）

图 2. 10　光学测试单元主要设备的实物图　（续）

（c）高速相机（显微镜头）

2. 2. 2　实验步骤和数据处理

为了确保实验具有较好的规范性和可重复性，从而提高实验数据的准确性和有效性，在实验过程中，严格按照以下实验步骤和数据处理方法进行操作。

1. 实验步骤

（1）检验实验设备功能是否正常，并正确连接。

（2）清洁压电陶瓷片的上表面，并调节水平。

压电陶瓷片上表面的灰尘及前一次实验的残液对实验结果的重复性有很大影响，实验前需要进行清洁，清洁程序为：使用吹尘器吹掉灰尘，使用薄绵纸吸掉残液，使用丙酮清洗表面并吹干，使用实验液体再次清洗表面并吹干。

因为压电陶瓷片的水平度会影响液滴的雾化过程，所以实验前应调节水平。在调节水平时，应使用质量尽可能小的水平仪。

（3）根据实验目的，选择不同的镜头，通过调节云台、三脚架和相机使拍摄对象处于观察视窗的中心，且大小合适、清晰，对焦面为压电陶瓷片的轴对称面。

实验共有 3 个目的：①测量惯性加速度的振幅；②拍摄液滴雾化的宏观特征；③测量雾化后子液滴的直径。

惯性加速度的振幅通过拍摄压电陶瓷片的运动位移来测量。镜头使用拍摄分辨率能达到微米级的 Lavison 显微镜头，相机的拍摄速度为 80 000 fps，快门速度为 3 μs。以压电陶瓷片的厚度作为标定尺寸，计算得拍摄照片的比例尺为 4 μm/pixel。图 2.11 为不同频率下压电陶瓷片的位移振幅和加速度振幅。由图 2.11 可知，随着电压的不断增加，每个频率下的位移振幅均线性增加。通过公式 $A_0 = \Delta_0 \cdot \omega^2$ 可计算得到加速度振幅 A_0，其中，Δ_0 为位移振幅；$\omega = 2\pi f$，为角频率。发现不同频率下的加速度振幅曲线均重合在一起，形成一条直线，表明惯性加速度振幅随着电压的增加单调线性增加。

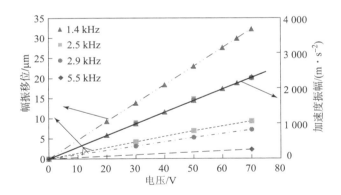

图 2.11　不同频率下压电陶瓷片的位移振幅和加速度振幅

液滴雾化的宏观特性（表面波模态间的演变以及单个表面波的发展和破碎过程）通过使用焦距为 180 mm 的 Tamron 微距镜头进行拍摄。相机的拍摄速度为 20 000 fps，快门速度为 5 μs。

雾化后子液滴的直径采用背光法和图像处理技术进行拍摄和测量。背光法，即将相机、被摄对象和光源放置在一条水平线上的拍摄方法。镜头使用焦距为 180 mm 的 Tamron 微距镜头，相机的拍摄速度为 10 000 fps，快门速度为 10 μs。以不锈钢直尺作为标定媒介，如图 2.12 所示，计算得到拍摄照片的比例尺为 30 μm/pixel。图像处理方法将在后文的数据处理部分介绍。

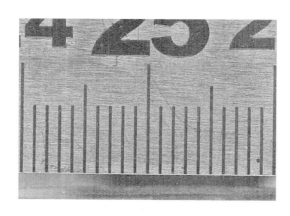

图 2.12　背光法的标定

（4）准备实验液体，将实验液滴放置在压电陶瓷片的上表面。

实验使用 Dragon Lab 公司生产的移液器放置液滴。移液器的量程为 20～200 μL，精度为 ±1.2 μL。放置液滴时，严格控制液滴在压电陶瓷片上表面的中心位置，误差不超过 0.5 mm。

（5）根据实验 Cases 调节信号发生器的频率和电压，接通电路，完成 1 次 Case 的拍摄并保存照片。

实验中每个 Case 重复拍摄 3 次，确保实验数据的准确性。进行不同 Cases 实验时，根据需要重复上述步骤即可。

2. 数据处理

图像处理时，采用高斯－拉普拉斯算法（LoG 算子）提取雾化后子液滴的边缘。LoG 算子的边缘提取思想是：首先对图像进行高斯平滑滤波，平滑掉图像中的噪点；然后再对其进行拉普拉斯二阶求导，即锐化滤波；最后通过检测滤波结果的零交叉（Zero crossings）来获取图像的边缘[95]。

图 2.13 展示了测量子液滴直径的基本流程。如图 2.13 所示，经 LoG 算子提取的子液滴边缘较为清晰，效果很好。虽然液滴是在三维空间上进

行雾化，但是由于使用镜头的焦距长、光圈大，且对焦距离短，从而使拍摄景深很浅，大约为 1.5 mm，因此本书近似地将对焦面上的拍摄信息作为液滴雾化的二维结果。另外，由于整个实验系统的轴对称性，所以对焦面上的二维结果能够反映整个三维空间液雾的雾化特性。因此，实验将主要针对轴对称面上液滴的雾化特性进行测量和分析。如图 2.13（d）所示，雾化子液滴直径的测量步骤为：首先分别测量子液滴在水平和垂直方向上的尺寸并求平均，作为 1 次子液滴直径的测量结果，并重复测量 3 次，以其平均值作为子液滴直径的最终测量结果。统计子液滴直径时，选取所有 Cases 同一时刻的照片进行测量。另外，定义平均直径表示该张照片上所有子液滴直径的平均值。

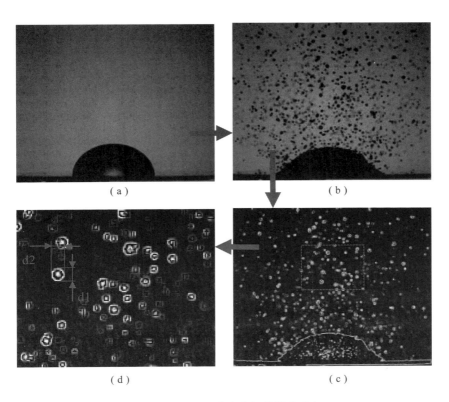

图 2.13　测量子液滴直径的基本流程

（a）静止液滴；（b）液滴雾化；（c）边缘检测；（d）直径测量

实验 Cases 的具体参数设置以及结果分析与讨论将在 2.3 节进行详细论述。

2.3　实验结果分析

本节将利用前述实验研究方法，对液滴的雾化过程（如母液滴的雾化和单个表面波的破碎）以及系统参数对液滴雾化特性（雾化子液滴的直径和液滴雾化的加速度阈值）的影响规律进行研究。

实验对象包含 3 种液体：蒸馏水、正庚烷和乙醇，其物性参数见表 2.1；实验工况的参数设置见表 2.2。

表 2.1　实验液体的物性参数（20℃）

液体种类	密度/（kg·m⁻³）	运动黏度/（m²·s⁻¹）	表面张力系数/（N·m⁻¹）
蒸馏水	998	1.01×10^{-6}	7.27×10^{-2}
正庚烷	684	0.60×10^{-6}	2.04×10^{-2}
乙醇	789	1.48×10^{-6}	2.23×10^{-2}

表 2.2　实验工况的参数设置

Cases	f/kHz	电压/V	A_0/（m·s⁻²）	液体种类	体积/μL	对应章节
E－A	1.1	25	828	蒸馏水	200	2.3.1.1
E－B	1.4	0~40	0~1 322	蒸馏水	200	2.3.1.1~2.3.1.3
E－C	2.9	35	1 160	蒸馏水	50~250	2.3.2.1
E－D	1.4、2.9、5.5	70	2 319	蒸馏水、乙醇	200	2.3.2.1
E－E	1.4、2.9、5.5	70	2 319	正庚烷、乙醇	200	2.3.2.1
E－F	1.4	20~70	668~2 319	蒸馏水	200	2.3.2.2
E－G	1.1、1.4、2.5、2.9、3.5、5.5	70	2 319	蒸馏水、正庚烷	200	2.3.2.2

续表

Cases	f/kHz	电压/V	$A_0/(\text{m}\cdot\text{s}^{-2})$	液体种类	体积/μL	对应章节
E – H	2.9	—	—	蒸馏水 乙醇、正庚烷	50 ~ 250 100 ~ 800	2.3.2.3
E – I	1.4，2.5，2.9，3.5，5.5	—	—	蒸馏水、乙醇、正庚烷	200	2.3.2.3

2.3.1　液滴的雾化特性实验研究

2.3.1.1　母液滴的雾化过程

实验工况如表 2.2 中的 Case E – A 和 Case E – B 所示，主要拍摄了母液滴在雾化过程中的宏观特征。

图 2.14 记录了 Case E – A 下母液滴表面随时间的变形和雾化过程。如图 2.14 所示，随着时间的推移，液滴表面先出现形状规则的水平表面波，

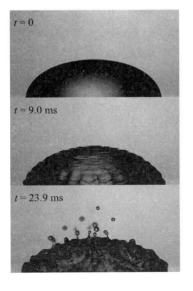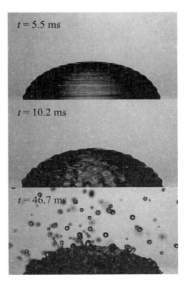

图 2.14　母液滴表面随时间的变形和雾化过程（Case E – A）

然后在液滴的底部附近出现垂直表面波，在这两种表面波的相互干涉下，液滴表面逐渐变得凹凸不平，最后当表面波的振幅增长到一定程度时，子液滴开始从波峰喷射出来，发生雾化。

为了进一步研究液滴表面波的模态，图 2.15 展示了一组 Case E – B 下母液滴表面发生稳态变形的照片。其中，在拍摄过程中，缓慢增加激励电压，并保持固定一定的时间，从而确保液滴在该电压下处于稳态。如图 2.15（a）所示，初始时刻，液滴静止，由于表面张力的作用，液滴近似成半球形。当作用惯性力之后，液滴开始发生变形，表面波开始发展。如图 2.15（b）所示，当 $A_0 = 265$ m/s^2 时，液滴表面出现纬向驻波（Zonal waves）。此时相机的拍摄速度为 20 000 fps，捕捉到纬向驻波的频率近似为 0.7 kHz，是惯性力频率 1.4 kHz 的 1/2，与平面 Faraday 不稳定性的实验结果[40]相符。继续增大加速度振幅，如图 2.15（c）所示，当 $A_0 = 332$ m/s^2 时，液滴表面出现了径向驻波（Meridional waves），但是径向驻波非常不

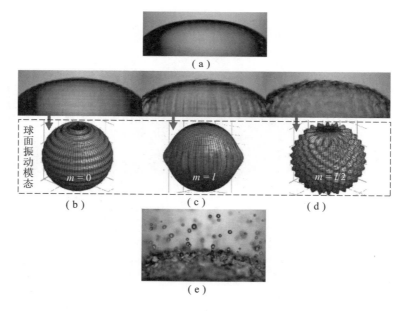

图 2.15　母液滴表面的稳态变形与球面振动模态的对比（Case E – B）

（a）静止液滴；（b）纬向驻波；（c）径向驻波；（d）凹坑和凸起；（e）雾化

稳定，很容易演变成其他模态。经多次重复实验发现，径向驻波能够稳定存在的加速度范围很窄，近似为 $A_0 \in [332，363]$ m/s^2。当进一步增大加速度振幅，纬向和径向驻波的振幅开始变大，并且两种波会逐渐相互交错、融合，在液滴表面形成凹坑和凸起，如图 2.15（d）所示，液体就像一个充满火山的月球表面，此时 $A_0 = 399$ m/s^2。这些圆形的凹坑和凸起会随着时间进行周期性的相互转变，即它们也是驻波。随着加速度振幅的增加，"火山"驻波的振幅逐渐增大，由小"火山"变成长"尖钉"。最终，当加速度振幅大于某一阈值时，在尖钉的顶部会形成子液滴，并且从液滴表面喷射出去。如图 2.15（e）所示，此时 $A_0 = 695$ m/s^2，子液滴率先从液滴的顶部喷射出来，且顶部的雾化强度强于两侧的雾化强度。随着加速度振幅的增加，液滴雾化的强度会越来越剧烈。

　　对于弦振动问题，通常利用傅里叶级数中的三角函数来表示其振动的基本模态。同理，我们可以利用球谐函数 $Y_l^m(\theta,\varphi)$ 来表示球面振动的基本模态，其中，l 和 m 分别为球谐函数中的级数和阶数，θ 和 φ 分别为仰角和方位角。图 2.15 也对实验液滴的表面波模态和球谐函数的球面振动模态进行了对比。球面振动模态取 $l = 32$（推导过程见线性理论分析的 3.5.2 节）。当球谐函数的 $m = 0$ 时，球面振动为纬向（Zonal）模态，与实验液滴表面的纬向驻波十分相似；当 $m = l$ 时，球面振动为扇形（Sectorial）模态，与实验液滴表面的径向驻波十分相似；当 $m = 1,2,3,\cdots,l-1$ 时，球面振动为田形（Tesseral）模态，其中当 $m = l/2$ 时，球面振动模态与实验液滴表面的火山驻波十分相似，表明液滴表面波的振动模态与惯性加速度的振幅有关。当加速度振幅较小时（236 m/s$^2 < A_0 \leqslant 363$ m/s^2），液滴表面更容易出现低阶或高阶 m 的振动模态；当 $A_0 > 363$ m/s^2 时，液滴表面更容易出现 $m = l/2$ 阶的振动模态。

2.3.1.2　表面波的破碎过程

　　实验工况如表 2.2 中的 Case E – B 所示，主要拍摄了液滴表面单个表面波随时间发展的宏观特征。

图 2.16 展示了 3 组不同加速度振幅下单个表面波随时间发生变形的照片，分别对应 3 种情况：未破碎、将破碎和破碎。照片的实际大小为 1.5 mm × 1.1 mm。每组照片的总时间跨度为 $2T$，T 为惯性加速度的周期，则 $2T$ 即为表面波的周期（因为表面波的频率是惯性加速度频率的 1/2）。

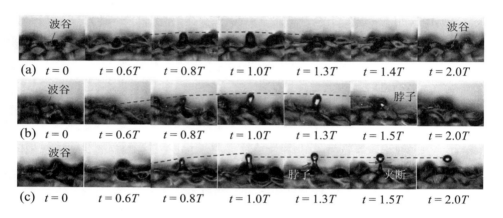

图 2.16　不同加速度振幅下单个表面波随时间发生变形的照片（Case E－B）

当加速度振幅 $A_0 = 529$ m/s^2 时，如图 2.16（a）所示。初始时，表面波处于波谷；当 $t = 0.6T$ 时，表面波变成一个圆锥状的小液柱；随着时间的推移，液柱不断增高，当 $t = 1.0T$ 时，到达波峰位置，形成一个液体尖钉[86]。然后，在惯性力和表面张力的共同作用下，尖钉逐渐变短、消失。最终，当 $t = 2.0T$ 时，表面波又重新回复到波谷位置。与前面所述的火山驻波相比，尖钉的变形更加剧烈，其波峰高度近似是火山驻波振幅的 2 倍。但是，在此加速度振幅下未发现有表面波破碎的踪迹。

当加速度振幅 $A_0 = 565$ m/s^2 时，如图 2.16（b）所示。在表面波的前半个周期 $0 \leqslant t \leqslant 1.0T$ 内，表面波的演变过程与图 2.16（a）相似；当 $t > 1.0T$ 时，在尖钉变短的过程中，尖钉的中部开始出现变窄的现象；最终当 $t = 1.5T$ 时，在尖钉中部形成了一个"脖子"（Neck[96]）状的液带，连接着尖钉的顶部和底部。在 $1.0T \leqslant t \leqslant 1.5T$ 的时间内，虽然尖钉整体是向下运动的，但是由于其顶部的下降速度小于其底部的下降速度，导致之间存在速度差，从而在尖钉中部形成了一个脖子状的液带；另外，由于表面张力的作用，使尖钉顶部的液体呈球状。此外，当 $t = 2.0T$ 时，表面波原本应该处于平衡位置，但是从其该时刻的图像中发现，尖钉的顶部仍然位于液滴表面之上，中间由液带相连，表明在此加速度振幅下，尖钉的顶部液体已经开始不受底部液体的控制。尖钉的顶部看似就要从液滴表面分离，但最终还是被母液滴吸收。

当加速度振幅 $A_0 = 596$ m/s^2 时，如图 2.16（c）所示。当进一步增大加速度振幅后，子液滴能够成功地从液滴表面喷射出来。在表面波的前半个周期 $0 \leqslant t \leqslant 1.0T$ 时间内，即在尖钉形成的过程中，尖钉顶部的上升速度已经大于其底部的上升速度，因此在 $t = 1.0T$ 时刻，尖钉中部就开始变窄。当 $t > 1.0T$ 时，尖钉底部开始下降，而顶部却继续上升或保持静止，从而导致液带的形成时刻 $t = 1.3T$ 提前（与图 2.16（b）的 $t = 1.5T$ 相比）。随着表面波的继续发展，由于尖钉顶部具有足够大的动能来打破表面张力的束缚，所以促使液带变得越来越细，最终断裂，从而使顶部液体脱离母液滴的表面，形成子液滴。值得注意的是，在 $1.0T \leqslant t \leqslant 2.0T$ 时间内，不管尖钉顶部的球状液体是正在与母液滴相连还是已经脱离母液滴形成子液滴，其高度一直保持不变，这充分表明，尖钉顶部液体是自由的，不受底部液体的控制。

进一步增大加速度振幅，表面波变形将更加剧烈，尖钉也将具有足够的初始动能，从而在一个波动周期内喷射出多个子液滴。图 2.17 展示了两组不同加速度振幅下多子液滴喷射的照片。其中，加速度振幅分别为（a）$A_0 = 829$ m/s^2 和（b）$A_0 = 1\ 326$ m/s^2；照片的实际大小分别为（a）0.8 mm $\times 1.8$ mm 和（b）0.5 mm $\times 2.0$ mm。

如图 2.17（a）所示，在一个表面波周期内，尖钉一共喷射出两个子液滴。其中，第一个脖子状液带的形成时刻为 $t = 0.8T$，早于图 2.16（c）

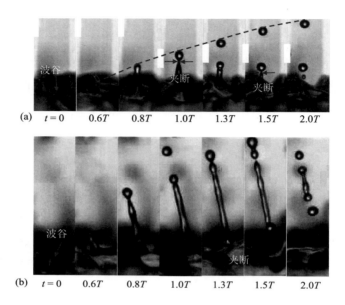

图2.17 不同加速度振幅下多子液滴喷射的照片（Case E – B）

的 $t = 1.3T$，第一次子液滴的喷射时刻也相应提前，从而为第二次子液滴的喷射提供了充足的时间。对于第一次子液滴的喷射，液带出现在前半个表面波周期，尽管此时尖钉整体在向上运动，但是尖钉顶部比底部上升得更快。对于第二次子液滴，其能够在后半个表面波周期发生喷射，主要得益于尖钉的初始动能较大。即使第一个喷射出的子液滴带走了尖钉的部分动能，但是尖钉的剩余能量也依然足够维持残余尖钉的顶部液体逃离母液滴。通过对比图2.17（a）和图2.16（c）中子液滴喷射后的运行轨迹可以发现，随着加速度振幅的增加，子液滴的喷射速度变快。

如图2.17（b）所示，随着初始动能的增加，尖钉的形状从原来的圆锥形变为细长的圆柱形。在这种形状下，表面张力的作用在两端会更加强烈。因此，当第一个子液滴从尖钉的顶部喷射出来之后，第二个脖子状液带出现在尖钉的根部，并最终断裂，这种现象在 $A_0 < 1\ 058\ \mathrm{m/s^2}$ 的条件下并未发现。当尖钉根部的液带断裂之后，会在空中形成一条液线，液线最终在毛细夹断机理[97]的作用下破碎成多个小液滴。

2.3.1.3　液滴雾化的特征分析

实验工况如表 2.2 中的 Case E – B 所示，主要测量了尖钉顶部和喷射子液滴随时间的运动轨迹，测量结果见图 2.18。其中，时间和高度分别以表面波处于波谷的时刻和高度作为基准。

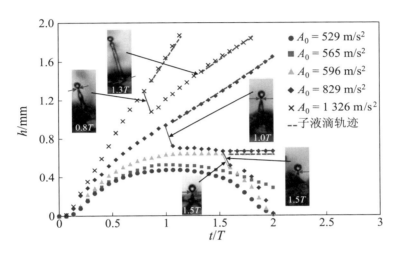

图 2.18　尖钉顶部和喷射子液滴随时间的运动轨迹（Case E – B）

如图 2.18 所示，当 $A_0 = 529$ m/s² 时，随着时间的增加，尖钉顶部先从波谷位置上升，然后下降，最终又回到波谷位置，完成一个表面波周期。因此，可以将一个表面波周期划分成两个相位区间：失稳相位区间（0 ~ 1.0T）和稳定相位区间（1.0T ~ 2.0T）。可知，当 $A_0 = 529$ m/s² 时，在两个相位区间内，尖钉的顶部与底部的运动规律相一致：从波谷到波峰再回到波谷。当 $A_0 = 565$ m/s² 时，尖钉顶部虽然也是先上升后下降，但最终在 $t = 2.0T$ 时刻顶部却没有回复到波谷位置，并且每个时刻下的顶部高度都高于 $A_0 = 529$ m/s² 时的顶部高度。这表明，在稳定相位区间，尖钉的顶部与底部的运动规律不再一致，之间存在速度差。由于速度差不够大，顶部未能成功脱离母液滴的表面。当 $A_0 = 596$ m/s²、829 m/s²、1 326 m/s² 时，子液滴成功喷射出来，从尖钉顶部在失稳相位区间的高度可知，此阶段尖钉顶部从惯性力中吸收了较多的能量，促使其速度增加，从而有足够大的初始动能来战胜表面张力的作用。随着加速度振幅的不断增加，顶部的速度变得越来越快，相应子液滴的喷射时刻也不断提前。当尖钉的顶部脱离母液滴并形成子液滴之后，子液滴近似保持匀速运动，且子液滴的运动速度与尖钉顶部喷射前的速度基本相同，表明在稳定相位区间，顶部液体处于自由流动状态，不受底部液体的控制。

上述实验现象和规律与 Li[96,98] 关于平面液层在 Faraday 不稳定性下发生雾化的仿真结果相一致。如图 2.19 所示，根据 Li 的分析，因为相邻两个表面波波谷处的液体同时向中间的波峰方向流动，并在波峰处发生冲撞，所以在波峰即尖钉的底部会形成一个最大压强点，在最大压强点之上的液体是自由流动，与最大压强点之下的液体流动状态无关。Li 的结论在一定程度上解释了液滴在 Faraday 不稳定性的作用下表面波的尖钉顶部与底部之间出现速度差的原因。此外，本书将在第 5 章的仿真研究中基于液

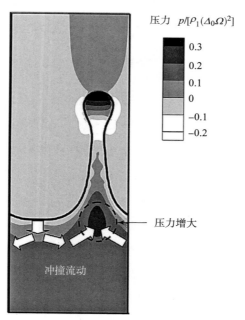

图 2.19　平面液层 Faraday 不稳定性的仿真结果[130]

滴的表面波位移、压强场和速度场等微观信息，进一步探明液滴表面波形成尖钉并发生雾化的机理。

综上所述，液滴在 Faraday 不稳定性下发生雾化需要两个条件：①表面波在失稳相位区间要吸收足够多的能量形成尖钉；②尖钉的顶部液体应具有足够大的速度来摆脱表面张力的束缚。其中，尖钉顶部与底部之间的速度差决定子液滴能否从母液滴表面喷出。

2.3.2　系统参数对雾化特性的影响规律研究

2.3.2.1　液滴体积和物性对子液滴直径的影响

实验工况如表 2.2 中的 Case E – C、Case E – D 和 Case E – E 所示。

图 2.20 为 Case E – C 下蒸馏水子液滴的平均直径和统计结果。由图 2.20（a）可知，随着液滴体积的增加，子液滴的平均直径基本上保持不变。由图 2.20（b）可知，虽然子液滴直径的分布范围广，但是分布相对较为集中；此外，在各组直径间隔下，不同液滴体积的子液滴喷射概率近似相等，表明液滴体积对雾化子液滴直径的影响很小。由于子液滴是从表

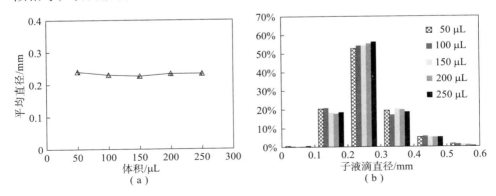

图 2.20　Case E – C 下蒸馏水子液滴的平均直径和统计结果

（a）平均直径；（b）统计结果

面波的波峰喷出，所以子液滴的直径与表面波的波长相关[74]。从而也表明，液滴体积对表面波波长的影响也很小。根据线性理论，表面波波长可以近似地计算为 $\Lambda = 2\pi r_0 / l$，其中 l 为模态数。当液滴体积（即液滴半径）不同时，如果要保持表面波波长不变，则模态数 l 要作相应改变。因此，液滴体积的改变会影响液滴表面波的振动模态。然而，对于二次雾化模型，在计算雾化子液滴的直径时，可以忽略液滴体积的影响。

由表 2.1 可知，蒸馏水和乙醇的运动黏度在数值上处于同一量级，且相差不大，因此可以用来对比研究表面张力系数对子液滴直径的影响。图 2.21 为 Case E – D 下蒸馏水和乙醇子液滴的平均直径。由图 2.21 可知，在相同频率下，乙醇子液滴的平均直径小于蒸馏水子液滴的平均直径，表明在 Faraday 不稳定性中起稳定作用的表面张力[41]，不仅阻碍表面波的增长，还影响雾化子液滴的直径；且表面张力系数越大，子液滴直径越大。由于表面张力系数会随着温度的增加而减小，所以当内燃机缸内温度较高时，喷雾中的子液滴直径越小。这也解释了为什么闪沸喷雾的粒径小于传统喷雾的粒径[99,100]。因此，对于二次雾化模型，在计算雾化子液滴的直径时，需要考虑表面张力系数与缸内温度的耦合影响。由图 2.21 还可知，随着频率的增加，蒸馏水和乙醇子液滴的平均直径均逐渐减小，并且两种液滴之间平均直径的差值也越来越小。通过定量对比发现，频率降低对子

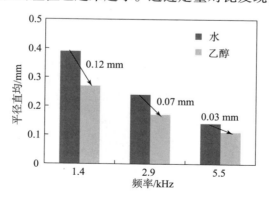

图 2.21　Case E – D 下蒸馏水和乙醇子液滴的平均直径

液滴直径的影响明显强于表面张力系数降低对子液滴直径的影响，并且存在一个频率阈值，当频率大于这个阈值时，表面张力系数对子液滴直径的影响很小，可以忽略。频率对子液滴平均直径的影响将在后文作更详细的研究。

　　由表 2.1 可知，正庚烷和乙醇的表面张力系数的数值在同一量级，且相差不大，可以用来对比研究黏性对子液滴直径的影响。图 2.22 为 Case E-E 下正庚烷和乙醇子液滴的平均直径。如图 2.22 所示，在各个频率下，正庚烷和乙醇子液滴的平均直径几乎相等，它们之间的偏差分别为 6 μm（1.4 kHz）、7 μm（2.9 kHz）和 6 μm（5.5 kHz）。需要说明的是，虽然子液滴直径的实验测量精度只有 30 μm/pixel，但是其平均直径是基于大量数据进行平均得到的，所以这些偏差结果是可靠的。这些偏差很有可能是正庚烷与乙醇之间表面张力系数的微小差别引起的。因此，液体黏性在 Faraday 不稳定性中主要对表面波的发展起抑制作用[91]，而对雾化子液滴平均直径的影响非常小。此外，随着频率的增加，两种液体子液滴的平均直径也逐渐减小。

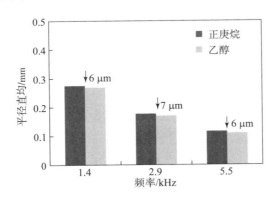

图 2.22　Case E-E 下正庚烷和乙醇子液滴的平均直径

2.3.2.2　正弦惯性力对子液滴直径的影响

实验工况如表 2.2 中的 Case E-F 和 Case E-G 所示。

图 2.23 为 Case E-F 下蒸馏水子液滴的直径和统计结果，其中黑色圆

点代表该加速度振幅下雾化子液滴的平均直径。由图2.23（a）可知，随着加速度振幅的增加，液滴的雾化强度逐渐变得激烈，从而使子液滴的数量不断增加；由于不同的子液滴破碎模式，包括波峰破碎模式[84,96]和毛细夹断模式[97]，分别导致液滴表面喷射出直径更小或更大的子液滴，从而使子液滴直径的分布范围也逐渐变宽。其中，毛细夹断模式雾化的子液滴直径较大，且此模式更易于在加速度振幅较大的条件下发生，所以随着加速度振幅的增加，直径较大的子液滴数量逐渐变多，从而导致子液滴的平均直径随之增加。但是，子液滴平均直径增加的幅度并不大，在本书的实验范围内平均直径仅增加了约0.1 mm。图2.23（b）为不同加速度振幅下所有子液滴直径的统计结果，可知子液滴的直径分布概率近似服从一个正态分布。其中，直径在0.3～0.4 mm的子液滴分布概率最高，约占32.4%；另外，直径在0.2～0.5 mm的子液滴分布概率高达约78%，表明液滴在Faraday不稳定性作用下雾化出的子液滴直径相对较为集中。因此，对于二次雾化模型，当粗略计算雾化子液滴的平均直径时，可以忽略加速度振幅的影响；或者当实验数据比较充分时，可以拟合一个正态分布函数来表征加速度振幅对子液滴直径的影响。

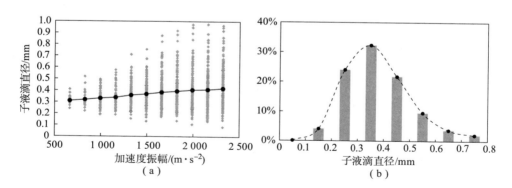

图2.23　Case E－F下蒸馏水子液滴的直径和统计结果

（a）子液滴直径；（b）统计结果

Lang[74]曾经基于超声雾化的实验数据，拟合得到一个雾化子液滴的平

均直径 d_m 与惯性力频率 f 和液体物性有关的经验公式: $d_m = (0.35 \pm 0.03) \cdot 2\pi(\alpha/\rho_L)^{1/3}(2/\omega)^{2/3}$ ，其中， $\omega = 2\pi f$ 。该经验公式是在无限深水平液层的假设下得到的，并且惯性力频率的适用范围为 $10 \sim 800$ kHz。为了叙述方便，后文简称为 Lang 公式。对于已知液体，Lang 公式可以看作子液滴平均直径关于惯性力频率的幂函数，指数为 $-2/3$ 。因此可以将液滴雾化的子液滴平均直径与 Lang 公式进行对比。

图 2.24 为分别在算术坐标系和双对数坐标系下子液滴平均直径的实验结果与 Lang 公式计算结果的对比（Case E - G）。由图 2.24 可知，在惯性力频率为 $1.1 \sim 5.5$ kHz 的实验范围内，液滴雾化的子液滴平均直径与 Lang 公式计算的平均直径吻合得很好：在算术坐标系下，随着频率的增加，子液滴平均直径的曲线先迅速降低，然后趋于稳定，见图 2.24（a）；在双对数坐标系下，两种液体子液滴平均直径的曲线变成两条平行的直线，且直线的斜率为 $-2/3$ ，见图 2.24（b）。表明尽管 Lang 公式的假设条件是无限深水平液层，与实验中的液滴相差很大，但是由于并没有改变 Faraday 不稳定性诱导液滴或液层发生雾化的本质，所以在相似的雾化机理下它们雾化出的子液滴平均直径相同；另外，Lang 公式的适用范围也得到了扩展，能够用于计算液滴在 Faraday 不稳定性下雾化出子液滴的平均

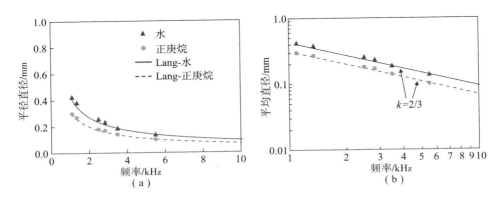

图 2.24　Case E - G 下子液滴平均直径的实验结果与 Lang 公式计算结果的对比

（a）算术坐标下的对比；（b）对数坐标系下的对比

直径。因此，对于二次雾化模型，可以采用 Lang 公式计算雾化子液滴的平均直径。此外，从 Lang 公式可知，惯性力频率的指数绝对值（2/3）是表面张力系数的指数绝对值（1/3）的 2 倍，从而解释了 2.3.2.1 小节中的实验结果：惯性力频率对子液滴平均直径的影响要明显大于表面张力系数的影响。

2.3.2.3 系统参数对雾化加速度阈值的影响

实验工况如表 2.2 中的 Case E – H 和 Case E – I 所示，为了确定液滴雾化的加速度阈值，实验时以 1.0 V 为间隔逐渐缓慢增大电压。

图 2.25 为 Case E – H 下加速度阈值随液滴体积的变化规律。如图 2.25 所示，每种液体下，随着液体体积的增加，加速度阈值均先减小后增加。这是因为体积越小，液滴的表面曲率越大，所以体积较小的液滴需要更大的惯性力才能够战胜表面张力的作用[101]，从而发生雾化。另外，由先前的研究可知，液滴体积与表面波的波长无关，又根据 $\Lambda = 2\pi r_0 / l$，可知液滴的体积越大，则表面波模态数 l 越大，从而导致液滴的表面积变大，进而使液滴的表面自由能增大[102]。因此，体积较大的液滴也需要从惯性力吸收更多的能量来战胜其表面自由能。此外，通过对比不同液体之间的加速度阈值可知，液体黏性和表面张力系数均会使加速度的阈值增大，这

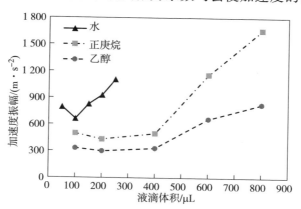

图 2.25   Case E – H 下加速度阈值随液滴体积的变化规律

是因为表面张力和黏性力分别在 Faraday 不稳定性中起阻碍和抑制液滴表面波发展的作用。

图 2.26 为 Case E‑I 下加速度阈值随频率的变化规律。如图 2.26 所示，每种液体下，随着频率的增加，加速度阈值均不断增加。基于线性理论分析可知，液滴表面线性增长率最大的表面波将会最先发生雾化，从而推导得到以下公式：

$$4\alpha(l-1)l(l+1)/(\rho r_0^3 \omega^2) = 1 \tag{2.3}$$

式（2.3）的推导过程将在第 3 章中作详细说明，它表示了液滴发生雾化时液滴的半径、表面波模态数、表面张力系数、密度与频率之间的关系。当液滴种类和体积一定时，表面波模态数与频率成正相关，频率越大，则模态数越大，从而导致液滴的表面自由能越大。因此，当频率越大时，液滴需要吸收更多的能量才能雾化。

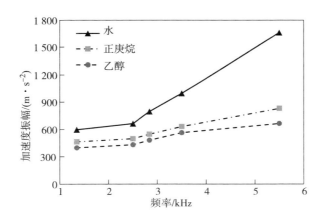

图 2.26　Case E‑I 下加速度阈值随频率的变化规律

综上所述，通过加速度阈值的影响参数分析可知：液体种类一定，液滴体积和频率对加速度阈值的影响，归根结底是液滴表面波模态数对加速度阈值的影响。

第**3**章

球面 Faraday 不稳定性的线性理论分析

3.1　不稳定性的线性理论分析思路

利用线性理论来分析一个层流的稳定性是理论研究的常用方法[41,47,48,103]。稳定性分析的先决条件是要有一个基本流动（Basic flow），这个基本流动可以通过层流的物理场（如速度场和压强场等）所满足的控制方程和边界条件来确定[104]。

分析一个基本流动的稳定性，实际上是确定这个基本流动对小扰动的响应，因为在大自然或实验室条件下小扰动是肯定存在的。当基本流动受到一个小扰动后，扰动可能会随时间的推移逐渐衰减；也可能会保持不变；也可能增长很大，从而将基本流动转变成另一种状态甚至是湍流。通常，将这 3 种情况分别定义为流动稳定、流动中性稳定和流动不稳定。本书主要研究液滴表面扰动在 Faraday 不稳定性下不断增大并发生雾化的过程，即流动不稳定的情况。

对线性不稳定性问题进行数学分析的基本步骤包括：①基于物理模型，确定基本流动的控制方程和边界条件；②将基本流动的物理量加上小扰动后代入控制方程和边界条件，并进行线性化处理，得到线性化的控制方程和边界条件；③求解线性化的控制方程和边界条件，最终得到线性增长率与模态数和流动参数之间的色散关系。

在上述数学分析中，要用到正则模式（Normal mode）分析方法[105]：对于线性系统来说，能够将任意扰动表达成一组基本模态的叠加，然后分析系统对其中某一模态的稳定性。通常，流动中性稳定的情况更容易进行数学表达，并且能够得到一个中性稳定边界，该边界可以将系统参数分成流动稳定区域和流动不稳定区域。因此，稳定性分析中一个重要的目的就是寻找中性稳定边界。

3.2 球面 Faraday 不稳定性的通用色散关系求解

3.2.1 实验液滴的物理模型

在进行数学分析之前，首先要根据实验细节和研究目的，提出合理的假设，建立研究对象的物理模型。

本书实验液滴的物理模型需要用到以下假设和条件：

（1）假设 1：液滴和环境气体初始静止。在实验中，惯性力是突然作用在静止液滴上的；另外，周围环境气体也是静止的。

（2）假设 2：液滴和环境气体均为不可压流体。实验初始时，液滴和环境气体均处于静止状态；当作用惯性力之后，虽然液滴表面附近的气体会受到液滴的影响而发生扰动，但是扰动速度较小，远低于当地声速。因此，环境气体可以像液滴一样假设为不可压流体。

（3）假设 3：忽略气体的黏性。实验是在环境大气中进行，与液滴的黏性相比，空气的黏性非常小，可以忽略气体黏性的影响。

（4）假设 4：液滴为半球形。由于重力的影响，液滴静止时并不是一个严格规则的半球，但为了简化问题，降低数学难度，假设液滴为半球形；另外，虽然液滴在振动过程中表面一定会发生变形，但是在不稳定扰动发展到明显可见之前，即线性阶段（线性理论仅在此阶段有效），液滴表面依然保持为球面。

（5）假设 5：液滴各点所受惯性力大小均匀。根据 James[86] 的实验测量结果，每个时刻下压电陶瓷片的位移在沿其径向方向上呈抛物线分布，中间大，两边小，且压电陶瓷片的直径越大，抛物线越平坦。本书实验中，金属片的直径不小于 30 mm，压电陶瓷片的直径为 20 mm，液滴的直径约 10 mm（对应液滴体积为 200 μL），且液滴放置在平板中心，精度为 0.5 mm，整个液滴位于抛物线的较平坦区域，因此假设液滴各点所受惯性力大小均匀是合理的。

（6）假设 6：忽略压电陶瓷片与液滴接触的影响。实验中，压电陶瓷片的作用是使液滴能够伴随其一起在竖直方向上作正弦运动，是将正弦惯性力作用于液滴的媒介。实验研究的惯性力频率为千赫兹级，在此频率范围内液滴表面波的波长远小于液滴的尺寸，能够忽略压电陶瓷片与液滴接触的影响。

（7）假设 7：忽略重力的影响。对于 Faraday 不稳定性，当惯性力频率大于 10 Hz 时，表面张力的影响将大于重力的影响[76]。本实验所研究的惯性力频率远大于 10 Hz，可以忽略重力的影响。

基于上述假设，实验液滴的物理模型可表述为：一个初始静止的半球形黏性不可压液滴在静止的无黏不可压气体中作正弦运动所引起的 Faraday

不稳定性，且正弦运动条件已知。图 3.1 为实验液滴的物理模型示意图。如图 3.1 所示，为了便于分析，将球坐标系建立在压电陶瓷片的上表面，坐标系原点与液滴底面球心重合。

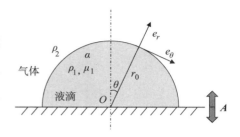

图 3.1　实验液滴的物理模型示意图

液滴参数用下标 L 表示，气体参数用下标 G 表示；ρ 为密度；μ 为动力黏度；α 为表面张力系数；r_0 为液滴半径；r 和 θ 分别为球坐标系中的径向距离和仰角，$\theta \in [0, \pi/2]$；e_r 和 e_θ 分别为径向和仰角方向上的单位向量。液滴加速度 A 在球坐标系下表示为

$$A = -A_0\cos(\omega t)\cos\theta e_r + A_0\cos(\omega t)\sin\theta e_\theta = -\nabla[A_0 r\cos\theta\cos(\omega t)]$$

(3.1)

式中，A_0 为加速度振幅；$\omega = 2\pi f$，为角频率，f 为惯性力频率；t 为时间。

3.2.2　控制方程和边界条件

假设液滴为黏性不可压流体，则液滴内部流体流动的连续性方程和动量方程分别为

$$\nabla \cdot \boldsymbol{u}_L = 0$$

(3.2)

$$\frac{\partial \boldsymbol{u}_L}{\partial t} + (\boldsymbol{u}_L \cdot \nabla)\boldsymbol{u}_L = -\frac{1}{\rho_L}\nabla p_L + \frac{\mu_L}{\rho_L}\nabla^2 \boldsymbol{u}_L + \nabla[A_0 r\cos\theta\cos(\omega t)]$$

(3.3)

式中，$\boldsymbol{u}$ 和 p 分别为流体的速度向量和压强。

假设环境气体为无黏不可压流体，则液滴外部气体流动的连续性方程和动量方程分别为

$$\nabla \cdot \boldsymbol{u}_G = 0$$

(3.4)

$$\frac{\partial \boldsymbol{u}_G}{\partial t} + (\boldsymbol{u}_G \cdot \nabla)\boldsymbol{u}_G = -\frac{1}{\rho_G}\nabla p_G + \nabla[A_0 r\cos\theta\cos(\omega t)]$$

(3.5)

液滴与气体之间交界面的表达式为

$$F(r,\theta,\varphi,t) = r - [r_0 + \eta(\theta,\varphi,t)] = 0 \tag{3.6}$$

式中，$\eta(\theta,\varphi,t)$ 为液滴表面的扰动位移；φ 为球坐标系中的方位角。

液滴表面的运动学边界条件为

$$\frac{\partial F}{\partial t} + (\boldsymbol{u}_{\mathrm{Flu}} \cdot \nabla)F = 0 \tag{3.7}$$

式中，下标 Flu 代表 L 或 G。

将式（3.6）代入方程（3.7）中，得

$$\frac{\partial \eta}{\partial t} + (\boldsymbol{u}_{\mathrm{Flu}} \cdot \nabla)\eta = u_{\mathrm{Flu},r}|_{r=r_0+\eta} \tag{3.8}$$

式中，$\boldsymbol{u}_r$ 为 $\boldsymbol{u}$ 在径向方向上的速度分量。

由气液交界面上法向和切向方向上的应力平衡条件，可得液滴表面的动力学边界条件。

液滴表面法向方向上的应力平衡方程为

$$[e_r \cdot \boldsymbol{\sigma} \cdot e_r]_1^2 = \alpha \nabla \cdot e_r = \alpha\left(\frac{1}{R_a} + \frac{1}{R_b}\right) \tag{3.9}$$

式中，$[x]_1^2 = x_2 - x_1$；R_a 和 R_b 为曲率半径；$\boldsymbol{\sigma}$ 为应力张量[104]。

$$\boldsymbol{\sigma}_{\mathrm{Flu}} = -p_{\mathrm{Flu}}\boldsymbol{I} + \mu_{\mathrm{Flu}}[\nabla\boldsymbol{u}_{\mathrm{Flu}} + (\nabla\boldsymbol{u}_{\mathrm{Flu}})^{\mathrm{T}}] \tag{3.10}$$

式中，$\boldsymbol{I}$ 为单位向量。

液滴表面切向方向上的应力平衡方程为

$$[e_r \cdot \boldsymbol{\sigma} \cdot e_j]_1^2 = 0 \tag{3.11}$$

式中，$\boldsymbol{e}_j = \boldsymbol{e}_\theta$ 或 $\boldsymbol{e}_\varphi$。

3.2.3　控制方程和边界条件的线性化

由于假设液滴和环境气体初始静止，所以在液滴表面上施加无穷小的扰动后，液滴表面内外部流体的速度就等于扰动速度。为了书写方便，仍用 $\boldsymbol{u}$ 表示扰动速度，并代入控制方程和边界条件中；另外，忽略动量方程中的对流项，即非线性项。从而得到线性化的流体流动的控制方程表示如下：

液滴

$$\nabla \cdot \boldsymbol{u}_L = 0 \tag{3.12}$$

$$\frac{\partial \boldsymbol{u}_L}{\partial t} = -\frac{1}{\rho_L}\nabla p_L + \frac{\mu_L}{\rho_L}\nabla^2 \boldsymbol{u}_L + \nabla[A_0 r\cos\theta\cos(\omega t)] \tag{3.13}$$

气体

$$\nabla \cdot \boldsymbol{u}_G = 0 \tag{3.14}$$

$$\frac{\partial \boldsymbol{u}_G}{\partial t} = -\frac{1}{\rho_G}\nabla p_G + \nabla[A_0 r\cos\theta\cos(\omega t)] \tag{3.15}$$

同理，对液滴表面的运动学边界条件方程（3.8）进行线性化处理，得

$$\frac{\partial \eta}{\partial t} = u_{L,r}\big|_{r=r_0+\eta} = u_{G,r}\big|_{r=r_0+\eta} \tag{3.16}$$

对于液滴表面法向方向上的动力学边界条件，将式（3.10）代入方程（3.9），得

$$p_L\big|_{r=r_0+\eta} - p_G\big|_{r=r_0+\eta} = \alpha\left(\frac{1}{R_a} + \frac{1}{R_b}\right) + 2\mu_L\frac{\partial u_{L,r}}{\partial r}\bigg|_{r=r_0+\eta} \tag{3.17}$$

其中，曲率半径满足[106]

$$\frac{1}{R_a} + \frac{1}{R_b} = \frac{2}{r_0} - \frac{1}{r_0^2}\left[2\eta + \frac{1}{\sin\theta}\frac{\partial}{\partial\theta}\left(\sin\theta\frac{\partial\eta}{\partial\theta}\right) + \frac{1}{\sin^2\theta}\frac{\partial^2\eta}{\partial\varphi^2}\right] \tag{3.18}$$

从而使 η 达到一阶精度。将式（3.18）代入式（3.17），可得液滴表面法向方向上线性化的动力学边界条件

$$p_L\big|_{r=r_0+\eta} - p_G\big|_{r=r_0+\eta} = \frac{2\alpha}{r_0} - \frac{\alpha}{r_0^2}\left[2\eta + \frac{1}{\sin\theta}\frac{\partial}{\partial\theta}\left(\sin\theta\frac{\partial\eta}{\partial\theta}\right) + \frac{1}{\sin^2\theta}\frac{\partial^2\eta}{\partial\varphi^2}\right] +$$

$$2\mu_L\frac{\partial u_{L,r}}{\partial r}\bigg|_{r=r_0+\eta} \tag{3.19}$$

对于液滴表面切向方向上的动力学边界条件，由于假设气体是无黏的，即 $\mu_G = 0$，则应力平衡方程（3.11）可表示为

$$\sigma_{r\theta} = \mu_{\mathrm{L}}\left(\frac{1}{r}\frac{\partial u_{\mathrm{L},r}}{\partial \theta} - \frac{u_{\mathrm{L},\theta}}{r} + \frac{\partial u_{\mathrm{L},\theta}}{\partial r}\right) = 0 \tag{3.20}$$

和

$$\sigma_{r\varphi} = \mu_{\mathrm{L}}\left(\frac{1}{r\sin\theta}\frac{\partial u_{\mathrm{L},r}}{\partial \varphi} - \frac{u_{\mathrm{L},\varphi}}{r} + \frac{\partial u_{\mathrm{L},\varphi}}{\partial r}\right) = 0 \tag{3.21}$$

与 Harper[107] 的轴对称假设（$\partial/\partial\varphi = 0$）不同，本书将液滴表面的扰动位移看作由一系列球谐函数 $Y_l^m(\theta,\varphi) = P_l^m(\cos\theta)\mathrm{e}^{\mathrm{i}m\varphi}$ 叠加而成，考虑了 m（$\partial/\partial\varphi \neq 0$）的影响。其中，$l$ 和 m 分别为球谐函数中的级数和阶数。则扰动位移可表示为

$$\eta(\theta,\varphi,t) = \sum_{l=2}^{+\infty}\sum_{m=0}^{l} \eta_l^m(t) Y_l^m(\theta,\varphi) \tag{3.22}$$

其中，$\eta_l^m(t)$ 为不同模态数 (l,m) 下与时间相关的系数。将 $\eta_l^m(t)$ 写成 Floquet 形式[91]

$$\eta_l^m(t) = \mathrm{e}^{(\beta+\mathrm{i}\gamma)t}\sum_n \eta_n(l,m)\mathrm{e}^{\mathrm{i}n\omega t} = \sum_n \eta_n(l,m)\mathrm{e}^{[\beta+\mathrm{i}(\gamma+n\omega)]t} = \sum_n \eta_n(l,m)\mathrm{e}^{-\zeta t} \tag{3.23}$$

式中，$\eta_n(l,m)$ 为系数；$\beta+\mathrm{i}\gamma$ 为 Floquet 指数；n 为 Floquet 模数；$\zeta = -[\beta+\mathrm{i}(\gamma+n\omega)]$ 为线性增长率。

当 $Re(\zeta) < 0$ 时，液滴表面的扰动将呈指数增长，液滴表面产生不稳定。

将式（3.23）代入式（3.22），得扰动位移的表达式为

$$\eta(\theta,\varphi,t) = \sum_n\sum_{l=2}^{+\infty}\sum_{m=0}^{l} \eta_n(l,m) Y_l^m(\theta,\varphi)\mathrm{e}^{-\zeta t} \tag{3.24}$$

其中，因为当 $l = 0$ 时，对应于液滴整体膨胀或收缩，违反质量守恒定律，所以不予考虑；当 $l = 1$ 时，对应于液滴的移动，而非液滴表面变形，此情况下表面张力应该为零，所以也不予考虑[48]。

从而，方程（3.24）与线性化的控制方程（3.12）~（3.15）和线性化的边界条件（3.16）、（3.19）~（3.21）构成了一个关于 ζ 的本征值问题，通过求解这个本征值问题的非零解，可以得到线性增长率 ζ 与模态数

(l, m) 及流动参数之间的色散关系。

3.2.4 界面压强分布的求解

1. 对于黏性不可压液滴

由连续性方程（3.12）及向量恒等式 $\nabla^2 \times \boldsymbol{u} = \nabla \times \nabla \times \boldsymbol{u} = \nabla(\nabla \cdot \boldsymbol{u}) - \nabla^2 \boldsymbol{u}$，动量方程（3.13）可变为

$$\frac{\partial \boldsymbol{u}_L}{\partial t} = -\frac{1}{\rho_L}\nabla p_L - \frac{\mu_L}{\rho_L}\nabla^2 \times \boldsymbol{u}_L + \nabla[A_0 r\cos\theta\cos(\omega t)] \qquad (3.25)$$

将速度向量 $\boldsymbol{u}_L$ 分解为无旋分量和有旋分量两部分

$$\boldsymbol{u}_L = \nabla\phi_L + \psi_L \qquad (3.26)$$

其中，$\nabla\phi_L$ 为无旋分量，ψ_L 为有旋分量，则方程（3.25）可以分解成

$$\nabla^2\phi_L = 0 \qquad (3.27)$$

$$p_L = -\rho_L\frac{\partial\phi_L}{\partial t} + \rho_L A_0\cos\theta\cos(\omega t)r + C_1 \qquad (3.28)$$

$$\nabla \cdot \psi_L = 0 \qquad (3.29)$$

$$\frac{\partial\psi_L}{\partial t} + \frac{\mu_L}{\rho_L}\nabla^2 \times \psi_L = 0 \qquad (3.30)$$

其中，C_1 为积分常数。根据叠加原理可以验证方程（3.27）～（3.30）满足方程（3.25）。

在球坐标系下，考虑到 ϕ_L 在液滴中心处的自然边界条件：当 $r = 0$ 时，解不发散。则方程（3.27）的通解为

$$\phi_L(r,\theta,\phi,t) = \sum_n \sum_{l=2}^{+\infty} \sum_{m=0}^{l} B_n(l,m)r^l Y_l^m(\theta,\varphi)e^{-\zeta t} \qquad (3.31)$$

式中，$B_n(l,m)$ 为待定系数。

由式（3.31），并参照 Chandrasekhar[108] 给出的方法来求解方程（3.29）和（3.30），可得 ψ_L 3 个分量的表达式：

$$\begin{cases} \psi_{L,r}(r,\theta,\varphi,t) = \sum_n \sum_{l=2}^{+\infty} \sum_{m=0}^{l} \frac{l(l+1)}{r^2} \Psi_{L,n}(l,m,r) Y_l^m(\theta,\varphi) e^{-\zeta t} \\ \psi_{L,\theta}(r,\theta,\varphi,t) = \sum_n \sum_{l=2}^{+\infty} \sum_{m=0}^{l} \frac{1}{r} \frac{d\Psi_{L,n}(l,m,r)}{dr} \frac{\partial Y_l^m(\theta,\varphi)}{\partial \theta} e^{-\zeta t} \\ \psi_{L,\varphi}(r,\theta,\varphi,t) = \sum_n \sum_{l=2}^{+\infty} \sum_{m=0}^{l} \frac{1}{r\sin\theta} \frac{d\Psi_{L,n}(l,m,r)}{dr} \frac{\partial Y_l^m(\theta,\varphi)}{\partial \varphi} e^{-\zeta t} \end{cases}$$

$$(3.32)$$

其中，$\Psi_{L,n}(l,m,r) = D_n(l,m) r^{1/2} J_{l+1/2}(sr)$，$D_n(l,m)$ 为待定系数，$J_{l+1/2}$ 为 $l+1/2$ 阶球贝塞尔函数，$s = \sqrt{\rho_L \zeta/\mu_L}$。

将式（3.31）、式（3.32）代入液滴表面运动学边界条件（3.16）和切向方向上的应力平衡方程（3.20）、方程（3.21）中，可求得系数 $B_n(l,m)$ 和 $D_n(l,m)$ 的表达式分别为

$$\begin{cases} B_n(l,m) = -\frac{\eta_n(l,m)\zeta}{lr_0^{l-1}}\left[1 + \frac{2(l^2-1)}{2xQ_{l+1/2}(x) - x^2}\right] \\ D_n(l,m) = \frac{2(l-1)\eta_n(l,m)\zeta r_0^{3/2}}{l[2xJ_{l+3/2}(x) - x^2 J_{l+1/2}(x)]} \end{cases}$$

$$(3.33)$$

其中，$Q_{l+1/2}(x) = J_{l+3/2}(x)/J_{l+1/2}(x)$，$x = sr_0$。

将式（3.31）、（3.33）代入方程（3.28），可得液滴内表面上的压强分布

$$p_L|_{r=r_0+\eta} = -\sum_n \sum_{l=2}^{+\infty} \sum_{m=0}^{l} \frac{\rho_L \zeta^2 r_0}{l}\left[1 + \frac{2(l^2-1)}{2xQ_{l+1/2}(x) - x^2}\right]\eta_n(l,m) Y_l^m(\theta,\varphi) e^{-\zeta t}$$

$$+ \rho_L A_0 \cos\theta\cos(\omega t)\left(r_0 + \sum_n \sum_{l=2}^{+\infty} \sum_{m=0}^{l} \eta_n(l,m) Y_l^m(\theta,\varphi) e^{-\zeta t}\right) + C_1$$

$$(3.34)$$

2. 对于无黏不可压环境气体

由于液滴外部的气体是无黏的，且初始静止，所以气体的运动自始至终都是无旋的。因此，引入速度势函数 ϕ_G，则有

$$\boldsymbol{u}_G = \nabla\phi_G \qquad\qquad (3.35)$$

从而环境气体的连续性方程（3.14）变为

$$\nabla^2 \phi_G = 0 \tag{3.36}$$

考虑球形系统在无穷远处的自然边界条件：当 $r = \infty$ 时，环境气体的速度趋于零。则方程（3.36）的通解为

$$\phi_G(r,\theta,\varphi,t) = \sum_n \sum_{l=2}^{+\infty} \sum_{m=0}^{l} N_n(l,m) r^{-(l+1)} Y_l^m(\theta,\varphi) e^{-\zeta t} \tag{3.37}$$

其中，$N_n(l,m)$ 为待定系数。将式（3.37）代入交界面处的运动学边界条件中，求得系数 $N_n(l,m)$ 的表达式为

$$N_n(l,m) = \frac{\eta_n(l,m)\zeta r_0}{(l+1)} r_0^{l+1} \tag{3.38}$$

将式（3.38）代入式（3.37），可得方程（3.36）的解为

$$\phi_G(r,\theta,\varphi,t) = \sum_n \sum_{l=2}^{+\infty} \sum_{m=0}^{l} \frac{\eta_n(l,m)\zeta r_0}{(l+1)} \left(\frac{r}{r_0}\right)^{-(l+1)} Y_l^m(\theta,\varphi) e^{-\zeta t} \tag{3.39}$$

对气体的动量方程（3.15）求积分，得

$$p_G = -\rho_G \frac{\partial \phi_G}{\partial t} + \rho_G A_0 \cos\theta\cos(\omega t) r + C_2 \tag{3.40}$$

C_2 为积分常数。将式（3.39）代入方程（3.40），可得液滴外表面上的压强分布：

$$p_G \big|_{r=r_0+\eta} = \sum_n \sum_{l=2}^{+\infty} \sum_{m=0}^{l} \frac{\rho_G \zeta^2 r_0}{l+1} \eta_n(l,m) Y_l^m(\theta,\varphi) e^{-\zeta t} +$$

$$\rho_G A_0 \cos\theta\cos(\omega t) \left(r_0 + \sum_n \sum_{l=2}^{+\infty} \sum_{m=0}^{l} \eta_n(l,m) Y_l^m(\theta,\varphi) e^{-\zeta t}\right) + C_2 \tag{3.41}$$

3.2.5　通用色散关系

前面求得了液滴和环境气体的扰动速度，并运用运动学和切向方向上的动力学边界条件确定了其表达式中的系数，最后求得了液滴表面内外部

的压强分布。下面将运用法向方向上的动力学边界条件来推导色散关系。

分别由分离变量法以及式（3.26）、（3.31）～（3.33），可以得到以下等式

$$\begin{cases} \Delta_{\theta\varphi} Y_l^m = \left[\dfrac{1}{\sin\theta}\dfrac{\partial}{\partial\theta}\left(\sin\theta\dfrac{\partial}{\partial\theta}\right) + \dfrac{1}{\sin^2\theta}\dfrac{\partial^2}{\partial\varphi^2}\right] Y_l^m = -l(l+1) Y_l^m & (3.42) \\[3mm] \dfrac{\partial u_{L,r}}{\partial r}\Big|_{r=r_0+\eta} = -\sum_n \sum_{l=2}^{+\infty} \sum_{m=0}^{l} \dfrac{(l-1)\zeta}{r_0}\left[\dfrac{2(l+2)x Q_{l+1/2}(x) - x^2}{2x Q_{l+1/2}(x) - x^2}\right] \\[3mm] \qquad\qquad\qquad \eta_n(l,m) Y_l^m(\theta,\varphi) \mathrm{e}^{-\zeta t} & (3.43) \end{cases}$$

将液滴表面内外部的压强分布式（3.34）、（3.41）及式（3.42）和式（3.43）代入液滴表面法向方向上线性化的动力学边界条件式（3.19），得

$$\sum_n \sum_{l=2}^{+\infty} \sum_{m=0}^{l} \left\{ -\left(\frac{\rho_L}{l} + \frac{\rho_G}{l+1}\right) r_0 \zeta^2 - 2\mu_L \zeta \frac{l-1}{lr_0}\left[\frac{(2l+1)x - 2l(l+2)Q_{l+1/2}(x)}{2Q_{l+1/2}(x) - x}\right] + \right.$$

$$\left. (\rho_L - \rho_G) A_0 \cos\theta \cos(\omega t) - \frac{\alpha(l-1)(l+2)}{r_0^2}\right\} \eta_n(l,m) Y_l^m(\theta,\varphi) \mathrm{e}^{-\zeta t} +$$

$$(\rho_L - \rho_G) A_0 \cos\theta \cos(\omega t) r_0 + C_1 - C_2 - \frac{2\alpha}{r_0} = 0$$

$$(3.44)$$

由于函数 $Y_l^m(\theta,\varphi)\mathrm{e}^{-\zeta t}$ 是线性无关的，所以式（3.44）要想成立，则必有

$$\left(\frac{\rho_L}{l} + \frac{\rho_G}{l+1}\right) r_0 \zeta^2 + 2\mu_L \zeta \frac{l-1}{lr_0}\left[\frac{(2l+1)x - 2l(l+2)Q_{l+1/2}(x)}{2Q_{l+1/2}(x) - x}\right] -$$

$$(\rho_L - \rho_G) A_0 \cos\theta \cos(\omega t) + \frac{\alpha(l-1)(l+2)}{r_0^2} = 0$$

$$(3.45)$$

式（3.45）即为初始静止的半球形黏性不可压液滴在静止的无黏不可压环境气体中作正弦运动所引起的 Faraday 不稳定性的解析解，也表征了液滴表面波线性增长率 ζ 与模态数（l，m）以及流动参数之间的色散关系，其中 m 的影响在 $\cos\theta$ 中体现。

实验液滴的 Faraday 不稳定性以及系统参数对液滴 Faraday 不稳定性的影响都将基于色散关系式（3.45）在 3.3~3.5 节中进行详细分析和研究。

3.3　无黏液滴的不稳定性分析

本节首先分析无黏液滴的 Faraday 不稳定性，研究系统参数对液滴不稳定性的影响规律；然后，分析黏性液滴的 Faraday 不稳定性，研究黏性对液滴不稳定性的影响规律；最后，结合实验工况，分析和讨论液滴表面的最不稳定模态。

3.3.1　色散关系的简化

为了简化问题以及与前人的研究成果相对比，本节首先对无黏液滴的不稳定性进行分析。

在无黏的条件下，色散关系式（3.45）可以简化为

$$\left(\frac{\rho_L}{l} + \frac{\rho_G}{l+1}\right) r_0 \zeta^2 - (\rho_L - \rho_G) A_0 \cos\theta \cos(\omega t) + \frac{\alpha(l-1)(l+2)}{r_0^2} = 0$$

$$(3.46)$$

求方程（3.46）中关于 ζ 的解，并进行无量纲化，得

$$\zeta^* = \frac{\zeta}{\chi} = -\sqrt{\frac{(1-\rho_{G/L})l(l+1)}{(l+1)+\rho_{G/L}l}We\cos\theta\cos(\omega t) - \frac{(l-1)l(l+1)(l+2)}{(l+1)+\rho_{G/L}l}}$$

$$(3.47)$$

式中，上标 * 代表无量纲参数；$\chi = \sqrt{\alpha/\rho_L r_0^3}$，与线性增长率 ζ 具有相同的量纲 $[T^{-1}]$；$We = \rho_L A_0 r_0^2/\alpha$ 为韦伯数，表征惯性力与表面张力之比；$\rho_{G/L} = \rho_G/\rho_L$，为气/液密度比。

式（3.47）即为无黏液滴表面波线性增长率的无量纲形式，其舍去了绝对正根。因为当 ζ^* 取正根时，$Re(\zeta^*) \geqslant 0$，液滴表面的扰动位移呈指数衰减或保持不变，对应于液滴表面保持稳定或中性稳定，所以舍去。当 ζ^* 取负根时，扰动位移是否增长与 $\cos(\omega t)$ 的大小有关，其中当 $\cos(\omega t) \leqslant 0$，根号内表达式的值恒为负，则 $Re(\zeta^*) \equiv 0$，液滴表面始终是中性稳定的；当 $\cos(\omega t) > 0$ 时，根号内表达式的值可能为负也可能为正，所以液滴表面可能保持中性稳定也可能产生不稳定。这印证了本书的实验结果：在每个表面波的周期内，正弦变化的惯性力仅在某一时间段内起失稳作用。

其中，当 $We = 0$，即惯性力为零时，式（3.47）变成一个有意思的特例

$$\zeta = -\mathrm{i} \sqrt{\frac{\alpha(l-1)l(l+1)(l+2)}{[\rho_{\mathrm{L}}(l+1) + \rho_{\mathrm{G}}l]r_0^3}} \qquad (3.48)$$

从而可得到在无外力作用下无黏不可压液滴在环境气体中自由振动的特征频率

$$\omega_0 = \sqrt{\frac{\alpha(l-1)l(l+1)(l+2)}{[\rho_{\mathrm{L}}(l+1) + \rho_{\mathrm{G}}l]r_0^3}} \qquad (3.49)$$

当 $\rho_{\mathrm{G}} = 0$ 时，式（3.49）与在真空条件下推导得到的无黏不可压液滴的自由振动频率表达式[106,109]一致，从而验证了本书线性理论分析方法的数学推导是准确的。

3.3.2　系统参数对液滴不稳定性的影响规律研究

根据上述分析，本节令 $\cos(\omega t) = 1$，仅研究当惯性力起失稳作用时，系统参数对液滴 Faraday 不稳定性的影响规律。

以体积为 200 μL 的蒸馏水液滴为例。

液滴参数：$\rho_{\mathrm{L}} = 998$ kg/m^3，$r_0 = 5$ mm，$\mu_{\mathrm{L}} = 0.001$ kg/(m·s)，$\alpha = 0.073$ N/m。

空气参数：$\rho_G = 1.205 \ \text{kg/m}^3$。

另外，由式（3.47）可知，线性增长率为负数。为了便于观察和叙述，默认取线性增长率的绝对值进行画图和分析。

1. 表面张力对液滴不稳定性的影响

根据方程（3.46），有量纲线性增长率 ζ 的表达式为

$$\zeta = -\sqrt{\frac{(1 - \rho_{G/L})l(l+1)}{[(l+1) + \rho_{G/L}l]r_0}A_0\cos\theta\cos(\omega t) - \frac{(l-1)l(l+1)(l+2)}{(l+1) + \rho_{G/L}l}\frac{\alpha}{\rho_L r_0^3}}$$

$$(3.50)$$

令 $\cos\theta = 1$，则式（3.50）在有表面张力和无表面张力情况下的 $\zeta - l$ 曲线如图 3.2 所示，其中 x 轴为模态数 l，y 轴为线性增长率 ζ。

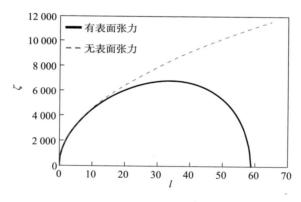

图3.2　表面张力对液滴不稳定性的影响（$We = 3\ 500$，$\rho_{G/L} = 1.2 \times 10^{-3}$）

由图 3.2 可知，在其他参数一定的条件下，随着 l 的增加，$\alpha = 0$ 情况下的线性增长率不断增加，$\alpha \neq 0$ 情况下的线性增长率先增加后减小最后变为零。此外，当 l 较小时，两组曲线基本重合；之后，随着 l 的增大，两者之间的差异越来越大。表明：当 l 较小时，与惯性力的失稳作用相比，表面张力的稳定作用很小，可以忽略；随着 l 的增加，表面张力的稳定作用越来越显著，最终使较大模态数下的线性增长率变为零。因此，表面张力可以消除液滴表面模态数足够大的扰动，即模态数大于某个临界值 l_c 的

所有扰动均会被表面张力消除掉，l_c 称为截断波数[110]。表面张力起稳定作用的本质原因是表面张力阻止液滴表面积的增加[102]。由于在大模态数下，液滴表面扰动波的波长较小，相应的曲率半径也较小，从而导致表面张力较大，所以表面张力的稳定作用在大模态数下更加明显，从而能够消除液滴表面由大模态数的扰动所引起的不稳定。

2. 仰角对液滴不稳定性的影响

由式（3.47）可知，液滴表面不同位置的不稳定性是不相同的。图 3.3 为不同仰角 θ 下 $\zeta^* - l$ 曲线的变化规律。

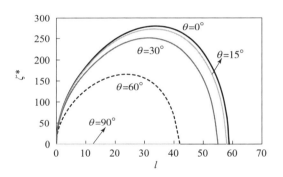

图 3.3　仰角 θ 对液滴不稳定性的影响（$We = 3\,500$，$\rho_{G/L} = 1.2 \times 10^{-3}$）

由图 3.3 可知，在其他参数一定的条件下，随着 θ 的增加，线性增长率越来越小，当 $\theta = 90°$ 时，线性增长率为零，表明液滴表面仰角越大的位置在受到外界扰动后越容易保持稳定。这也与本书的实验现象相吻合：子液滴率先从液滴的顶部喷射出来；随着仰角的增加，液滴表面的雾化强度逐渐减弱。因为 $\theta = 0°$ 和 90° 分别对应于惯性加速度在液滴表面法向方向上的分量为最大和零，所以作为两种极限情况：液滴表面 $\theta = 0°$ 处的不稳定性最强，而 $\theta = 90°$ 处的不稳定性最弱。因此，液滴表面顶部区域的不稳定性更值得关注，本书也将在后续的研究中重点分析 $\cos\theta = 1$ 时液滴的不稳定性。

3. 韦伯数 We 对液滴不稳定性的影响

图 3.4 为不同韦伯数 We 下 $\zeta^* - l$ 曲线的变化规律。

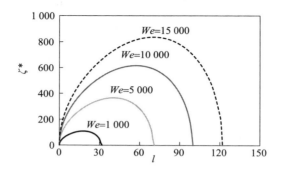

图 3.4　韦伯数 We 对液滴不稳定性的影响（$\rho_{G/L} = 1.2 \times 10^{-3}$，$\cos\theta = 1$）

　　显而易见，在其他参数一定的条件下，随着 We 的不断增加，线性增长率越来越大。We 表征了惯性力与表面张力之比，即随着惯性力作用的增强，液滴表面越容易发生不稳定。这也与实验现象相吻合：加速度的振幅越大，液滴雾化的强度越剧烈。

　　4. 密度比 $\rho_{G/L}$ 对液滴不稳定性的影响

　　虽然在实验中液滴周围的流体为环境气体，气/液密度比 $\rho_{G/L} = 1.2 \times 10^{-3} \ll 1$，但是考虑到内燃机缸内高温高压的环境，且随着内燃机强化程度的提高，喷雾的环境密度将进一步提高，所以研究密度比对液滴不稳定性的影响是有必要的。图 3.5 为不同密度比 $\rho_{G/L}$ 下 $\zeta^* - l$ 曲线的变化规律。

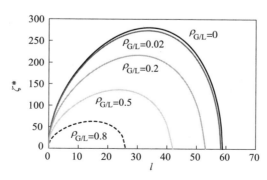

图 3.5　气/液密度比对液滴不稳定性的影响（$We = 3\,500$，$\cos\theta = 1$）

由图 3.5 可知，在其他参数一定的条件下，随着 $\rho_{G/L}$ 的不断增加，线性增长率越来越小。$\rho_{G/L} = 0$ 和 1 分别为两种极限情况。当 $\rho_{G/L} = 1$ 时，气、液密度相同，线性增长率为零，液滴表面不会产生不稳定；同时，该条件也可以看作两种流体变为一种流体的情况，在同一流体内不存在交界面，自然也就不会产生不稳定。当 $\rho_{G/L} = 0$ 时，环境为真空，线性增长率达到最大。从图中还可以发现，$\rho_{G/L} = 0.02$ 与 $\rho_{G/L} = 0$ 的曲线几乎重合，本书的实验条件 $\rho_{G/L} = 1.2 \times 10^{-3} \ll 0.02$，则 $\rho_{G/L} = 1.2 \times 10^{-3}$ 与 $\rho_{G/L} = 0$ 的曲线应该也几乎重合，即它们之间的线性增长率随模态数的变化规律近似一样。因此，为了简化问题，在后续的分析过程中，完全可以令 $\rho_{G/L} = 0$。

5. 中性稳定与最大不稳定

如前所述，令 $\cos(\omega t) = 1$，$\rho_{G/L} = 0$，式（3.47）可以简化为

$$\zeta^* = - \sqrt{l \cdot We\cos\theta - (l-1)l(l+2)} \tag{3.51}$$

液滴表面保持中性稳定的条件为 $\zeta^* = 0$，又由于球函数的阶数是正数，所以舍去无意义的负根，可得临界模态数为

$$l_c = \sqrt{We\cos\theta + \frac{9}{4}} - \frac{1}{2} \tag{3.52}$$

则液滴表面对于模态数 $l > l_c$ 的扰动是绝对稳定的，因为在表面张力的作用下，液滴表面模态数足够大的扰动会被消除掉。

当 $Re(\zeta^*) < 0$ 时，液滴表面的扰动位移呈指数增长，液滴表面产生不稳定，则求解方程（3.51）的极值，可得液滴表面的最不稳定模态数，从而有

$$\frac{\mathrm{d}}{\mathrm{d}l}[l \cdot We\cos\theta - (l-1)l(l+2)] = 0 \tag{3.53}$$

解得最不稳定模态数 l_m 为

$$l_m = \sqrt{\frac{3We\cos\theta + 7}{9}} - \frac{1}{3} \tag{3.54}$$

从式（3.52）和（3.54）可知，截断波数 l_c 和最不稳定模态数 l_m 均与

We 数和仰角 θ 有关。随着 We 数的增加，l_c 和 l_m 均不断变大，当 $\theta = 0°$ 时，l_c 和 l_m 达到最大。

由于液滴表面波的波长 Λ 可以近似的表示为

$$\Lambda = \frac{2\pi r_0}{l} \tag{3.55}$$

另外，由于表面波的波长与喷射子液滴的直径相关[74]，所以能够利用式（3.52）、式（3.54）和式（3.55）来解释实验结果：随着加速度振幅的增加，即随着 We 数的增加，雾化子液滴直径的分布范围逐渐变广。

3.3.3 无黏液滴的中性稳定边界

如前所述，从仰角 θ 对液滴不稳定性的影响分析中发现，液滴表面顶部区域（$\theta = 0°$）的不稳定性更值得关注。因此，令 $\cos\theta = 1$，无黏液滴的色散关系式（3.46）可简化为

$$\left(\frac{\rho_L}{l} + \frac{\rho_G}{l+1}\right)r_0\zeta^2 - (\rho_L - \rho_G)A_0\cos(\omega t) + \frac{\alpha(l-1)(l+2)}{r_0^2} = 0 \tag{3.56}$$

方程（3.56）也可以看作液滴在径向正弦加速度的作用下产生 Faraday 不稳定性的色散关系[111,112]。

将扰动位移的表达式（3.24）与方程（3.56）联立，可得

$$\left(\frac{\rho_L}{l} + \frac{\rho_G}{l+1}\right)r_0\frac{d^2\eta}{dt^2} + \left(\frac{\alpha(l-1)(l+2)}{r_0^2} - (\rho_L - \rho_G)A_0\cos(\omega t)\right)\eta = 0 \tag{3.57}$$

上式可改写为

$$\frac{d^2\eta}{dt^2} + \left(\frac{\alpha(l-1)l(l+1)(l+2)}{[\rho_L(l+1) + \rho_G l]r_0^3} - \frac{(\rho_L - \rho_G)l(l+1)}{[\rho_L(l+1) + \rho_G l]r_0}A_0\cos(\omega t)\right)\eta = 0 \tag{3.58}$$

定义 $\Phi = \omega t/2$，以及

$$\lambda = \frac{4\alpha(l-1)l(l+1)(l+2)}{[\rho_L(l+1)+\rho_G l]r_0^3\omega^2}, q = \frac{2(\rho_L-\rho_G)l(l+1)\Delta_0}{[\rho_L(l+1)+\rho_G l]r_0} \quad (3.59)$$

则方程（3.58）可改写成 Mathieu 方程的标准形式[87][155]，即

$$\frac{d^2\eta}{d\Phi^2} + [\lambda - 2q\cos(2\Phi)]\eta = 0 \quad (3.60)$$

其中，当流体物性、液滴尺寸以及模态数一定的条件下，λ 和 q 可以分别看作表征加速度频率和加速度振幅的无量纲参数，即组合 (λ, q) 可表示实验中的某一工况。

Mathieu 方程起源于采用分离变量法求解椭圆柱面坐标系统下的 Helmholtz 方程。在大部分可推导出 Mathieu 方程的物理问题中，方程的解为周期性的 Mathieu 函数。然而，在 Faraday 不稳定性中，我们不需要求解 Mathieu 函数，只需在已知 λ 和 q 的条件下，确定方程（3.60）的解在 $\Phi \to \infty$ 时是否发散。方程（3.60）的解发散表示液滴表面产生不稳定；解收敛表示液滴表面保持稳定。

为了得到 $\lambda - q$ 坐标系下 Mathieu 方程（3.60）解的不稳定表[41]，需要将方程（3.60）中与时间有关的 $\cos(\omega t)$ 项与扰动位移式（3.24）中的系数进行耦合，并对方程（3.56）作进一步的推导，将其简化成一个求解系数矩阵的特征值问题。

首先，将方程（3.56）还原成以下形式

$$\sum_n \sum_{l=2}^{+\infty} \sum_{m=0}^{l} \left\{ \left(\frac{\rho_L}{l} + \frac{\rho_G}{l+1} \right) r_0\zeta^2 - (\rho_L-\rho_G)A_0\cos(\omega t) + \right.$$

$$\left. \frac{\alpha(l-1)(l+2)}{r_0^2} \right\} \eta_n(l,m) Y_l^m(\theta,\varphi) e^{-\zeta t} = 0 \quad (3.61)$$

然后，由傅里叶变换可得

$$\cos(\omega t)\eta_n(l,m)e^{-\zeta t} = \frac{e^{i\omega t}+e^{-i\omega t}}{2}\eta_n(l,m)e^{-[\beta+i(\gamma+n\omega)]t}$$

$$= \frac{1}{2}(\eta_n(l,m)e^{-\{\beta+i[\gamma+(n-1)\omega]\}t} + \eta_n(l,m)e^{-\{\beta+i[\gamma+(n+1)\omega]\}t})$$

$$= \frac{1}{2}\left[\eta_{n-1}(l,m) + \eta_{n+1}(l,m)\right]e^{-[\beta+i(\gamma+n\omega)]t}$$

$$= \frac{1}{2}\left[\eta_{n-1}(l,m) + \eta_{n+1}(l,m)\right]e^{-\zeta t} \tag{3.62}$$

为了书写方便，后面将省略系数 $\eta_n(l,m)$ 中的 (l,m)。将式（3.62）代入方程（3.61），并根据球谐函数 $Y_l^m(\theta,\varphi)e^{-\zeta t}$ 的线性无关性，最后化简得到

$$\frac{1}{2}(\rho_L - \rho_G)A_0(\eta_{n-1} + \eta_{n+1}) = \left[\left(\frac{\rho_L}{l} + \frac{\rho_G}{l+1}\right)r_0\zeta^2 + \frac{\alpha(l-1)(l+2)}{r_0^2}\right]\eta_n$$

$$\tag{3.63}$$

定义 $\hat{\zeta} = \zeta/\omega$，并根据表达式（3.59），可将方程（3.63）化简为无量纲形式

$$q(\eta_{n-1} + \eta_{n+1}) = (4\hat{\zeta}^2 + \lambda)\eta_n \tag{3.64}$$

当 $Re(\zeta) = 0$ 时，液滴表面保持中性稳定。为了确定中性稳定的边界，令 $\beta = 0$，根据 $\zeta = -[\beta + i(\gamma + n\omega)]$，方程（3.64）可化为

$$q\eta_{n-1} + 4(\hat{\gamma} + n)^2\eta_n + q\eta_{n+1} = \lambda\eta_n, \quad n = 0, 1, 2, \cdots \tag{3.65}$$

其中，$\hat{\gamma} = \gamma/\omega$，且 $\hat{\gamma} = 0$ 或 $1/2$。

需要注意的是，当 $n = 0$ 时，系数中将出现 η_{-1}。本文参照文献 [46] 的处理方法：当 $\hat{\gamma} = 0$ 时，令 $Re(\eta_{-1}) = Re(\eta_1)$，$Im(\eta_{-1}) = -Im(\eta_1)$；当 $\hat{\gamma} = 1/2$ 时，令 $Re(\eta_{-1}) = Re(\eta_0)$，$Im(\eta_{-1}) = -Im(\eta_0)$。然后，将方程（3.65）按实部和虚部展开，并写成矩阵的形式：$Mx = \lambda x$，其中 M 为 $2n+2$ 阶的方阵，x 为由 η_n 的实部和虚部所组成的 $2n+2$ 维的列向量。

当 $\hat{\gamma} = 0$ 时，

$$M = \begin{pmatrix} 0 & 0 & 2q & 0 & 0 & 0 & \cdots \\ 0 & 0 & 0 & 0 & 0 & 0 & \cdots \\ q & 0 & 4 & 0 & q & 0 & \cdots \\ 0 & q & 0 & 4 & 0 & q & \cdots \\ 0 & 0 & q & 0 & 16 & 0 & \cdots \\ 0 & 0 & 0 & q & 0 & 16 & \cdots \\ \vdots & \vdots & \vdots & \vdots & \vdots & \vdots & \cdots \end{pmatrix} \tag{3.66}$$

当 $\hat{\gamma} = 1/2$ 时，

$$M = \begin{pmatrix} 1+q & 0 & q & 0 & 0 & 0 & \dots \\ 0 & 1-q & 0 & q & 0 & 0 & \dots \\ q & 0 & 9 & 0 & q & 0 & \dots \\ 0 & q & 0 & 9 & 0 & q & \dots \\ 0 & 0 & q & 0 & 25 & 0 & \dots \\ 0 & 0 & 0 & q & 0 & 25 & \dots \\ \vdots & \vdots & \vdots & \vdots & \vdots & \vdots & \dots \end{pmatrix} \qquad (3.67)$$

通过求解不同 q 值下矩阵 M 的特征值，即可得到无黏液滴 Mathieu 方程 （3.60） 在 $\lambda - q$ 坐标系下的中性稳定边界。虽然 M 为无穷维的实矩阵，但是随着 n 的增加，低阶的特征值将趋于收敛[107]。因此，通常选取一个足够大的 n 来截断 M，从而求解 M 的特征值。本书选取 $n = 10$，重点关注液滴表面低阶的不稳定性。

图 3.6 为 $\lambda - q$ 坐标系下无黏液滴 Mathieu 方程 （3.60） 的不稳定表。如图 3.6 所示，黑色曲线即表示 Mathieu 方程 （3.60） 的中性稳定边界，可知：中性稳定边界将 $\lambda - q$ 坐标平面划分成不同的稳定区域和不稳定区

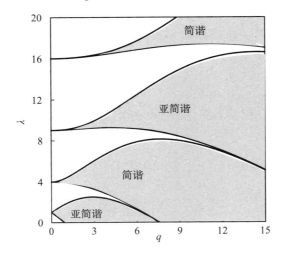

图 3.6　无粘液滴 Mathieu 方程 （3.60） 的不稳定区域示意图

域，其中阴影区域表示不稳定区域，并且中性稳定边界与 λ 轴相交于 k^2，其中 $k = 1，2，3，\cdots$。当组合 $(\lambda，q)$ 位于这些不稳定区域时，液滴表面将产生不稳定，且表面扰动以 $k\omega/2$ 的角频率进行波动：当 k 为奇数时，液滴表面模态为亚简谐振动；当 k 为偶数时，液滴表面模态为简谐振动。

由图 3.6 可知，即使当 q 非常小，即实验中的加速度振幅非常小时，仍然存在组合 $(\lambda，q)$ 使液滴表面产生不稳定。假设极限情况：当 $q = 0$ 时，中性稳定边界与 λ 轴相交于 k^2，则有

$$\lambda = \frac{4\alpha(l-1)l(l+1)(l+2)}{[\rho_L(l+1)+\rho_G l]r_0^3\omega^2} = k^2 \tag{3.68}$$

进一步，上式可化简为

$$\omega = \frac{2}{k}\omega_0 \tag{3.69}$$

其中，

$$\omega_0 = \sqrt{\frac{\alpha(l-1)l(l+1)(l+2)}{[\rho_L(l+1)+\rho_G l]r_0^3}} \tag{3.70}$$

如前所述，式（3.70）表示无黏液滴在环境气体中的自由振动频率[106,109]。因此，由式（3.69）可知，惯性加速度的角频率可以理解为：无黏液滴在 Faraday 不稳定性下的共振频率；式（3.69）表示：当液滴表面产生 Faraday 不稳定性时，加速度频率与表面波模态数成反比例关系。

3.3.4 气/液密度比对液滴不稳定性的影响

如前所述，实验的 $\rho_{G/L} = 1.2 \times 10^{-3}$ 与 $\rho_{G/L} = 0$ 的 $\zeta^* - l$ 曲线几乎重合，即它们的线性增长率随模态数的变化规律近似一样。

为了简化问题，在讨论气体密度对液滴不稳定性的影响之前，我们首先讨论气体密度 $\rho_G = 0$，即 $\rho_{G/L} = 0$ 时的极限情况，则式（3.59）中的 $(\lambda，q)$ 可以简化为

$$\lambda = \frac{4\alpha(l-1)l(l+2)}{\rho_L r_0^3 \omega^2}, q = \frac{2l\Delta_0}{r_0} \qquad (3.71)$$

联立式（3.71），通过消除 λ 和 q 表达式中的 l，可得到 λ 与 q 的函数关系

$$\lambda = \frac{\alpha}{2\rho_L \Delta_0^3 \omega^2}\Big[q^3 + \frac{2\Delta_0}{r_0}q^2 - 8\left(\frac{\Delta_0}{r_0}\right)^2 q\Big]$$

$$= \frac{\alpha}{2\rho_L \Delta_0^3 \omega^2}q\left(q + \frac{4\Delta_0}{r_0}\right)\left(q - \frac{2\Delta_0}{r_0}\right) \qquad (3.72)$$

其中，表达式（3.72）中的两个无量纲参数 Δ_0/r_0 和 $\alpha/\rho_L \Delta_0^3 \omega^2$ 可以根据实验工况计算得到，则在 $\lambda - q$ 坐标系上就可以采用函数曲线将表达式（3.72）表示出来。

如图 3.7 所示，式（3.72）为一条三次曲线，理论上该（三次）曲线应与 q 轴相交于点 $q_1 = -4\Delta_0/r_0 < 0$，$q_2 = 0$ 和 $q_3 = 2\Delta_0/r_0 > 0$，但在本书的问题中需要 $q > 0$ 才有物理意义，因此图 3.7 仅展示了 $q > q_3$ 的曲线部分。

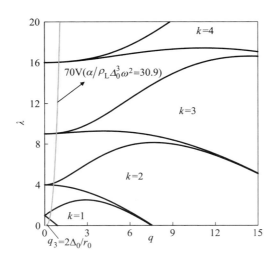

图 3.7　不稳定区域图中的实验曲线

无量纲参数 $\alpha/\rho_L \Delta_0^3 \omega^2$，即曲线（3.72）中的系数，表征了表面张力与惯性力之比，在本书的实验中，$\alpha/\rho_L \Delta_0^3 \omega^2$ 的数量级为 10 或者更大。如图

3.7 所示，该三次曲线代表实验工况：频率为 1.4 kHz，电压为 70 V，液滴为蒸馏水，则 $\alpha/\rho_L\Delta_0^3\omega^2$ 的数值大约为 30.9。由于实验中液滴的位移振幅 Δ_0 远小于液滴的半径 r_0，所以在大部分的实验工况下，曲线（3.72）起始点的数值都很小，接近于零，随着 q 的增加，实验三次曲线急剧变陡，并且依次穿过液滴的各阶不稳定区域。当 Δ_0/r_0 和 $\alpha/\rho_L\Delta_0^3\omega^2$ 一定时，三次曲线即可被唯一确定，曲线上不同的组合 (λ,q) 代表了不同的模态数 l。当曲线上的组合 (λ,q) 位于液滴的不稳定区域内时，其对应模态数为 l 的扰动将引起液滴表面产生不稳定。

通过对比式（3.59）和式（3.71）可知，当液滴的物性和惯性加速度 (Δ_0,ω) 一定时，气体密度 ρ_G 将影响 (λ,q) 的取值，进而影响液滴表面的不稳定模态数 l。因此，为了研究气体密度 ρ_G 对液滴不稳定性的影响规律，将式（3.59）和式（3.71）相除，可得 (λ,q) 在简化气体密度前后的比值

$$\hat{\lambda} = \frac{l+1}{(l+1)+\rho_{G/L}}l,\hat{q} = \frac{(1-\rho_{G/L})(l+1)}{(l+1)+\rho_{G/L}l} \tag{3.73}$$

式（3.73）表示 $\hat{\lambda}$ 和 $\hat{q}$ 分别与 $\rho_{G/L}$ 和 l 的函数关系。

图 3.8 为不同 $\rho_{G/L}$ 下式（3.73）中 $\hat{\lambda}$ 和 $\hat{q}$ 随 l 的变化规律。如图 3.8 所示，随着 l 的增加，$\hat{\lambda}$ 和 $\hat{q}$ 均单调递减，并且最终收敛于

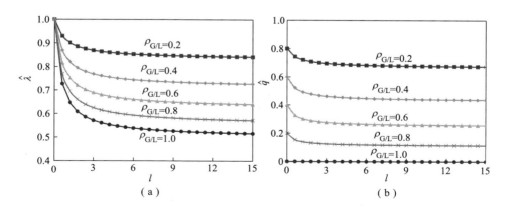

图3.8　不同气/液密度比下式（3.73）随 l 的变化规律

（a）不同密度比下 $\hat{\lambda}$ 随 l 的变化规律；（b）不同密度比下 $\hat{q}$ 随 l 的变化规律

$$\hat{\lambda} \to \frac{1}{1 + \rho_{G/L}}, \hat{q} \to \frac{1 - \rho_{G/L}}{1 + \rho_{G/L}} \qquad (3.74)$$

其中，当 $l < 2$ 时，$\hat{\lambda}$ 和 $\hat{q}$ 的变化比较剧烈；当 $l \geqslant 2$ 时，即在本书的研究范围内，$\hat{\lambda}$ 和 $\hat{q}$ 的曲线均较为平坦。因此，可以近似认为 $\hat{\lambda}$ 和 $\hat{q}$ 只与气液密度比 $\rho_{G/L}$ 相关，则式（3.74）可写为

$$\hat{\lambda} = \frac{1}{1 + \rho_{G/L}}, \hat{q} = \frac{1 - \rho_{G/L}}{1 + \rho_{G/L}} \qquad (3.75)$$

进一步，根据式（3.72）和式（3.75），可在液滴的不稳定表中画出不同 $\rho_{G/L}$ 下的三次曲线，如图 3.9 所示。

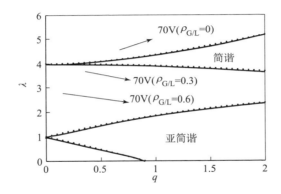

图 3.9　在不稳定区域图中气/液密度比对液滴不稳定性的影响

由图 3.9 可知，随着 $\rho_{G/L}$ 的增加，实验的三次曲线不断变陡，并且逐渐靠近 λ 轴，导致三次曲线位于液滴不稳定区域的线段长度逐渐变短，表明当液滴的物性及惯性加速度一定时，增加气体的密度会增强液滴表面的稳定性，可以使液滴表面不稳定模态数 l 的范围变窄。极限情况：当 $\rho_{G/L} = 1$，即当气体的密度与液滴的密度相等时，三次曲线将不再与液滴的不稳定区域相交，从而液滴表面不会产生不稳定，这与之前 3.3.2 节中的分析结果相一致。

3.4 黏性液滴的不稳定性分析

3.4.1 黏性液滴的 Mathieu 方程

由色散关系式（3.45）中的第二项可知，液滴黏性对液滴表面的扰动增长起阻碍作用。文献［43］曾采用现象学方法，根据经验在无黏液滴 Mathieu 方程中人为添加一个黏性系数，试图来评估黏性对稳定性的影响。其中，这个黏性系数需要对大量的实验数据进行数据拟合才能得到。与此方法不同的是，本节基于流体力学的基本方程，参照无黏液滴 Mathieu 方程（3.60）的推导过程，推导得到黏性液滴的 Mathieu 方程[46,113,114]为

$$\frac{\mathrm{d}^2\eta}{\mathrm{d}\varPhi^2} + c\frac{\mathrm{d}\eta}{\mathrm{d}\varPhi} + \left[\lambda - 2q\cos(2\varPhi)\right]\eta = 0 \tag{3.76}$$

其中，λ 和 q 的表达式见式（3.59）；c 为黏性系数，其表达式为

$$c = \frac{4\mu_L(l-1)(l+1)}{\left[\rho_L(l+1) + \rho_G l\right]r_0^2\omega}\left[\frac{(2l+1)x - 2l(l+2)Q_{l+1/2}(x)}{x - 2Q_{l+1/2}(x)}\right] \tag{3.77}$$

可见，黏性系数 c 具有清楚的物理意义。

由式（3.77）可知，c 不仅与流体的物性有关，还与模态数 l 有关。这与 Kumar 等[46]从水平黏性液层的 Faraday 不稳定性问题中得到的函数关系很相似，所不同的是他们的黏性系数与波数有关。两者的这种区别应该归因于球面 Faraday 与平面 Faraday 之间的界面形状不同。

为了得到黏性液滴的不稳定表，需要对式（3.77）进行化简。参照文献［115］中的方法，利用球贝塞尔函数 $J_l(x)$ 在 x 固定 $l \gg 1$ 时的渐近展开

$$J_l(x) = \frac{\mathrm{e}^l\left(\frac{1}{2}x\right)^l}{(2\pi l)^{1/2}l^l}\left[1 + O(l^{-1})\right] \tag{3.78}$$

将式（3.78）代入之前的定义式 $Q_{l+1}(x) = J_{l+1}(x)/J_l(x)$，得

$$Q_l(x) \simeq \frac{\mathrm{e}^{l+1}\left(\frac{1}{2}x\right)^{l+1}}{\left[2\pi(l+1)\right]^{1/2}(l+1)^{l+1}}\bigg/\frac{\mathrm{e}^l\left(\frac{1}{2}x\right)^l}{(2\pi l)^{1/2}l^l} = \frac{\mathrm{e}x}{2l}\sqrt{\frac{l}{l+1}}\left(\frac{l}{l+1}\right)^{l+1} \approx \frac{x}{2l}$$

$$(3.79)$$

将式 (3.79) 代入式 (3.77)，并当 $l \gg 1$ 时，可得黏性系数 c 的近似表达式

$$c = \frac{4\mu_\mathrm{L}}{(\rho_\mathrm{L}+\rho_\mathrm{G})\omega}\left(\frac{l}{r_0}\right)^2 \tag{3.80}$$

与无黏液滴 Mathieu 方程相类似，黏性液滴 Mathieu 方程的中性稳定边界同样也将 $\lambda-q$ 平面划分成不同的稳定区域和不稳定区域。文献 [114] 中，黏性 Mathieu 方程的中性稳定边界 (前 3 阶) 的近似表达式为

$$\begin{cases} k=1, & \lambda(q,c) = 1 \pm (q^2-c^2)^{1/2} \\[2mm] k=2, & \lambda(q,c) = 4 + \dfrac{q^2}{6} \pm \left[\left(\dfrac{q^2}{4}\right)^2 - (2c)^2\right]^{1/2} + \dfrac{c^2}{4} \\[2mm] k=3, & \lambda(q,c) = 9 + \dfrac{q^2}{16} \pm \left[\left(\dfrac{q^3}{32}\right)^2 - (3c)^2\right]^{1/2} + \dfrac{c^2}{4} \end{cases} \tag{3.81}$$

由于式 (3.81) 采用的是渐近展开的方法拟合黏性 Mathieu 方程的中性稳定边界，所以式 (3.81) 仅当 q 值较小时是有效的，当 q 值较大时，不同 k 所对应的中性稳定边界将会相交，如图 3.10 所示，此时的中性稳定边界不存在物理意义。

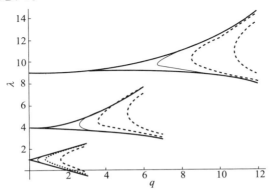

图 3.10　文献 [114] 中黏性 Mathieu 方程的中性稳定边界，
不同线型为不同 c 值对应的中性稳定边界

与之不同，本节继续采用无黏液滴 Mathieu 方程的求解方法，将黏性液滴 Mathieu 方程简化成一个求解系数矩阵的特征值问题。参照无黏液滴系数矩阵方程（3.64）的推导过程，可得新的黏性液滴系数矩阵的无量纲表达式为

$$q(\eta_{n-1} + \eta_{n+1}) = (4\hat{\zeta}^2 - \hat{c} \cdot \hat{\zeta} + \lambda)\eta_n \tag{3.82}$$

其中，$\hat{c} = 2c$。由文献［84，86，88］中的实验数据，并根据式（3.80）可计算得到 $\hat{c}$ 的值在 0.1 ~ 1。

为了确定黏性液滴的中性稳定边界，令 $\beta = 0$，根据 $\hat{\zeta} = \zeta/\omega$，$\zeta = -[\beta + i(\gamma + n\omega)]$，方程（3.82）可化为

$$q\eta_{n-1} + [4(\hat{\gamma} + n)^2 - i \cdot \hat{c}(\hat{\gamma} + n)]\eta_n + q\eta_{n+1} = \lambda\eta_n \tag{3.83}$$

此处依然参照文献［46］的处理方法，将方程（3.83）按实部和虚部展开，并写成矩阵的形式：$\boldsymbol{Mx} = \lambda\boldsymbol{x}$。

当 $\hat{\gamma} = 0$ 时，

$$\boldsymbol{M} = \begin{pmatrix} 0 & 0 & 2q & 0 & 0 & 0 & \cdots \\ 0 & 0 & 0 & 0 & 0 & 0 & \cdots \\ q & 0 & 4 & \hat{c} & q & 0 & \cdots \\ 0 & q & -\hat{c} & 4 & 0 & q & \cdots \\ 0 & 0 & q & 0 & 16 & 2\hat{c} & \cdots \\ 0 & 0 & 0 & q & -2\hat{c} & 16 & \cdots \\ \vdots & \vdots & \vdots & \vdots & \vdots & \vdots & \cdots \end{pmatrix} \tag{3.84}$$

当 $\hat{\gamma} = 1/2$ 时，

$$\boldsymbol{M} = \begin{pmatrix} 1+q & \hat{c}/2 & q & 0 & 0 & 0 & \cdots \\ -\hat{c}/2 & 1-q & 0 & q & 0 & 0 & \cdots \\ q & 0 & 9 & 3\hat{c}/2 & q & 0 & \cdots \\ 0 & q & -3\hat{c}/2 & 9 & 0 & q & \cdots \\ 0 & 0 & q & 0 & 25 & 5\hat{c}/2 & \cdots \\ 0 & 0 & 0 & q & -5\hat{c}/2 & 25 & \cdots \\ \vdots & \vdots & \vdots & \vdots & \vdots & \vdots & \cdots \end{pmatrix} \tag{3.85}$$

通过求解不同 q 值和 $\hat{c}$ 值下矩阵 $\boldsymbol{M}$ 的特征值，即可得到黏性液滴 Mathieu 方程（3.76）在 $\lambda - q$ 坐标系下的中性稳定边界。根据文献 [107]，本书选取 $n = 10$，重点关注液滴表面低阶的不稳定性。

图 3.11 为 $\lambda - q$ 坐标系下黏性液滴 Mathieu 方程（3.76）的不稳定图。如图 3.11 所示，不同颜色的曲线分别代表不同 $\hat{c}$ 值下 Mathieu 方程（3.76）的中性稳定边界，曲线所包围的区域为不稳定区域。

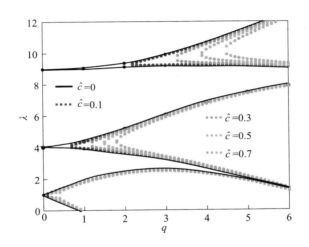

图 3.11　黏性液滴 Mathieu 方程（3.76）的不稳定图（见彩插）

与文献 [114] 不同，本书是通过将扰动位移的 Floquet 形式 [式（3.24）] 代入黏性液滴的 Mathieu 方程（3.76），求解得到黏性液滴的系数矩阵 [式（3.83）]，继而通过求解系数矩阵的特征值，得到黏性液滴 Mathieu 方程的不稳定图。其中，需要说明的是 Mathieu 方程（3.76）是基于流体力学的基本方程推导得到的，黏性系数 c 具有清楚的物理意义。

3.4.2　液滴黏性对中性稳定边界的影响

如图 3.11 所示，与无黏液滴的中性稳定边界和 λ 轴相交于 k^2 所不同，黏性液滴的中性稳定边界与 λ 轴是分离的，且边界的拐角变得平顺圆滑。

随着 $\hat{c}$ 值的增加，中性稳定边界的左顶点逐渐远离 λ 轴，且不稳定区域的面积逐渐收缩。用符号 q_k 表示第 k 阶不稳定区域的左顶点所对应的 q，其物理意义为：液滴表面产生不稳定所需要的最小位移振幅（或加速度振幅）。随着 $\hat{c}$ 值的增加，q_k 逐渐远离 λ 轴，表明随着黏性作用的增强，液滴表面产生不稳定的加速度阈值变大，从而也解释了实验结果：液体黏性能够增大液滴雾化的加速度阈值。

表 3.1 为根据系数矩阵方程（3.83）计算得到的黏性液滴前 4 阶不稳定区域的 q_k 值。由表 3.1 可知，当 $\hat{c}$ 值相等时，随着阶数 k 的增加，q_k 值逐渐变大，表明为了使位于高阶不稳定区域的模态数 l 产生不稳定，需要更大的加速度振幅。由于第 1 阶不稳定区域的 q_k 值最小，所以在实验中比较容易观察到液滴表面产生亚简谐（$k=1$）的振动模态，而很难观察到液滴表面产生高阶的振动模态。

表 3.1　不同 $\hat{c}$ 值下黏性液滴前 4 阶不稳定区域的 q_k 值

k	$\hat{c}=0.1$	$\hat{c}=0.3$	$\hat{c}=0.5$	$\hat{c}=0.7$
$k=1$	0.1	0.2	0.3	0.4
$k=2$	0.7	1.2	1.5	1.8
$k=3$	2.2	3.3	3.9	4.5
$k=4$	4.8	6.5	7.5	8.3

从图 3.11 还可以发现，随 k 和 $\hat{c}$ 的改变，中性稳定边界的左顶点所对应的 λ 值也在发生变化。定义 $k^2+\lambda_k$，表示第 k 阶不稳定区域的左顶点所对应的 λ。根据方程（3.83）可计算得到黏性液滴前 4 阶不稳定区域的 λ_k 值，见表 3.2。λ_k 表征的物理意义为：在黏性的作用下，黏性液滴的共振频率与无黏液滴共振频率的偏差。因此，基于无黏液滴的共振频率表达式（3.69），黏性液滴的共振频率可表示为

$$\omega(k,\hat{c})=\frac{2}{\sqrt{k^2+\lambda_k}}\omega_0,\ k=1,2,3,\cdots \tag{3.86}$$

表 3.2　不同 $\hat{c}$ 值下黏性液滴前 4 阶不稳定区域的 λ_k 值

k	$\hat{c} = 0.1$	$\hat{c} = 0.3$	$\hat{c} = 0.5$	$\hat{c} = 0.7$
$k = 1$	-0.002	-0.005	-0.011	-0.020
$k = 2$	0.076	0.195	0.277	0.358
$k = 3$	0.309	0.680	0.917	1.162
$k = 4$	0.802	1.485	1.955	2.347

由表 3.2 可知，当 $k \geqslant 2$ 时，λ_k 为正值，且随着 k 和 $\hat{c}$ 的增加而增加，此时黏性液滴的共振频率小于无黏液滴的共振频率，且随着黏性作用的增强，各 k 阶不稳定区域的共振频率逐渐降低；当 $k = 1$ 时，λ_k 为负值，此时黏性液滴的共振频率略大于无黏液滴的共振频率，且 λ_k 值随着 $\hat{c}$ 的增加而减小，即随着黏性作用的增强，黏性液滴第 1 阶不稳定区域的共振频率逐渐变大。

3.4.3　液滴黏性对不稳定模态的影响

如无黏液滴的不稳定表如图 3.7 所示，在 $\lambda - q$ 坐标系中，无黏液滴的不稳定区域是固定不变的。实验三次曲线在穿过液滴不稳定区域的过程中，被不同阶数的不稳定区域切割成许多离散的线段，这些线段上的所有组合 (λ, q) 都可能引起液滴表面产生不稳定，也就是说，位于这些线段上的所有模态数 l 都有可能被唤醒。在黏性液滴的现象学模型[43]中，由于其黏性系数是经验常数，所以对于某一实验工况来说，现象学模型中黏性液滴的不稳定区域也是固定不变的，则当黏性液滴表面产生不稳定时，其所对应的模态数 l 可以采用与无黏液滴相似的方法来确定。

本书的黏性系数 c 是基于流体力学基本方程推导得到的，其表达式 (3.77) 较为复杂。由黏性液滴的不稳定表图 3.11 可知，在 $\lambda - q$ 坐标系中，黏性液滴的不稳定区域与黏性系数 $\hat{c}$ 相关，而 $\hat{c}$ 又与模态数 l 有关，即黏性液滴的不稳定区域会随着模态数 l 的变化而改变，所以黏性液滴表面的每个模态数 l 所对应的不稳定区域均不相同。因此，即使实验工况一定，但是由于模态数 l 是随机的，所以黏性液滴的不稳定区域仍然是变化的。因此，在实验工况一定的条件下，关于液滴黏性对液滴表面不稳定模态的影响，将分下面两种情况进行讨论。

1. 液滴黏性变化而模态数 l 不变

当模态数 l 一定时，则其对应的组合 (λ, q) 就可以唯一确定。假设该组合 (λ, q) 起初位于小黏性系数 $\hat{c}$ 所对应的不稳定区域内，此时液滴表面在组合 (λ, q) 下会产生不稳定。增加液滴黏性，即增加黏性系数 $\hat{c}$，如图 3.11 所示，不稳定区域的面积将会收缩，虽然在 $\lambda - q$ 坐标系中组合 (λ, q) 固定不变，但是相对于随黏性变化而向右收缩的不稳定区域，组合 (λ, q) 会逐渐向左移动。继续增大液滴黏性，当黏性系数 $\hat{c}$ 大于某一值时，组合 (λ, q) 可能移动到该黏性系数 $\hat{c}$ 所对应的不稳定区域之外，从而进入液滴的稳定区域。这种情况表明，增加液滴黏性能够使那些原本在小黏性条件下会引起液滴表面产生不稳定的模态数 l 变稳定。

2. 液滴黏性不变而模态数 l 变化

即使当实验工况和液滴黏性一定时，由式（3.77）可知，黏性系数 $\hat{c}$ 依然会随着模态数 l 进行变化。在这种情况下，为了确定液滴表面是否稳定以及液滴表面产生不稳定时可能唤醒的模态数 l，首先需要根据式（3.59）和式（3.77）计算每一个模态数 l 所对应的组合 (λ, q) 和黏性系数 $\hat{c}$；然后，在 $\lambda - q$ 坐标系中，分别画出每一个模态数 l 下的 $\hat{c}$ 所对应的不稳定区域和组合 (λ, q)。如果组合 (λ, q) 位于液滴的不稳定区域，则说明液滴表面对该模态数 l 是不稳定的；重复上述过程，则可确定在该实验工况下液滴表面产生不稳定时可能唤醒的所有模态数 l。如图 3.11 所示，黏性液滴的高阶不稳定区域的面积向右收缩得非常剧烈，因此高阶不稳定区域中的模态数 l 被唤醒的可能性极小。

3.5　液滴表面最不稳定模态的研究

如前所述，在 $\lambda - q$ 坐标系中，每组实验工况均可由一条三次曲线来表示，曲线上不同的组合 (λ, q) 代表不同的模态数 l。由于在曲线上存在许多离散的线段位于液滴的不稳定区域，所以在每组实验工况下，都会有许多模态可能被唤醒，从而使液滴表面产生不稳定。进一步，随着扰动振幅的不断发展，由于模态最不稳定的扰动增长速度最快，从而将战胜其他不稳定模态的扰动，最终使液滴表面仅存在一种模态，即最不稳定模态。最不稳定模态的扰动将继续增大，最终在表面波波峰的顶部雾化出子液滴[84,86,88]。雾化子液滴的直径主要取决于最不稳定模态扰动波的波长，进而取决于最不稳定模态数。

因此，本节将基于线性理论，并结合典型的实验工况，分析和讨论液滴表面的最不稳定模态。需要说明的是，虽然线性理论仅在小表面波变形下，即在线性阶段是有效的，但是线性阶段的最不稳定模态在大表面波变形下，即在非线性阶段仍然将继续起主导作用[116]。

3.5.1　线性增长率的等高线图

液滴表面所有不稳定模态的扰动均会随时间呈指数增长，但是由于不同模态之间的线性增长率不同，从而导致不同模态间扰动的增长速度有快有慢，线性增长率越大，扰动的增长速度越快。因此，液滴表面波线性增长率最大所对应的模态即为最不稳定模态。

为了简化问题，本节先基于无黏液滴的系数矩阵表达式（3.64）进行分析。根据 $\hat{\zeta} = -\left[\hat{\beta} + i(\hat{\gamma} + n)\right]$，方程（3.64）可变为

$$q\eta_{n-1} + \left[4(\hat{\gamma} + n)^2 - 4\hat{\beta}^2 - i \cdot 8\hat{\beta}(\hat{\gamma} + n)\right]\eta_n + q\eta_{n+1} = \lambda\eta_n$$

$$(3.87)$$

依然参照文献［46］的处理方法，将方程（3.87）按实部和虚部展开，并写成矩阵的形式：$Mx = \lambda x$。

当 $\hat{\gamma} = 0$ 时，

$$
M = \begin{pmatrix}
-4\hat{\beta}^2 & 0 & 2q & 0 & 0 & 0 & \cdots \\
0 & -4\hat{\beta}^2 & 0 & 0 & 0 & 0 & \cdots \\
q & 0 & 4-4\hat{\beta}^2 & 8\hat{\beta} & q & 0 & \cdots \\
0 & q & -8\hat{\beta} & 4-4\hat{\beta}^2 & 0 & q & \cdots \\
0 & 0 & q & 0 & 16-4\hat{\beta}^2 & 16\hat{\beta} & \cdots \\
0 & 0 & 0 & q & -16\hat{\beta} & 16-4\hat{\beta}^2 & \cdots \\
\vdots & \vdots & \vdots & \vdots & \vdots & \vdots & \cdots
\end{pmatrix}
$$

$$(3.88)$$

当 $\hat{\gamma} = 1/2$ 时，

$$
M = \begin{pmatrix}
1-4\hat{\beta}^2+q & 4\hat{\beta} & q & 0 & 0 & 0 & \cdots \\
-4\hat{\beta} & 1-4\hat{\beta}^2-q & 0 & q & 0 & 0 & \cdots \\
q & 0 & 9-4\hat{\beta}^2 & 12\hat{\beta} & q & 0 & \cdots \\
0 & q & -12\hat{\beta} & 9-4\hat{\beta}^2 & 0 & q & \cdots \\
0 & 0 & q & 0 & 25-4\hat{\beta}^2 & 20\hat{\beta} & \cdots \\
0 & 0 & 0 & q & -20\hat{\beta} & 25-4\hat{\beta}^2 & \cdots \\
\vdots & \vdots & \vdots & \vdots & \vdots & \vdots & \cdots
\end{pmatrix}
$$

$$(3.89)$$

由扰动位移的表达式（3.24）可知，当 $\mathrm{Re}(\zeta^*) < 0$ 时，液滴表面的扰动呈指数增长。则通过求解不同 $\hat{\beta}$ 下矩阵（3.88）和矩阵（3.89）的特征值，即可得到 $\lambda - q$ 坐标系下无黏液滴表面波线性增长率的等高线图，如图 3.12 所示，取线性增长率实部绝对值 $|\hat{\beta}|$ 画图。

由图 3.12 可知，不同阶数之间的不稳定区域均存在部分相同的线性增长率，但是高阶的不稳定区域比低阶的不稳定区域包含更多数值较大的线性增长率。换句话说，每阶不稳定区域中都对应存在一个最大线性增长

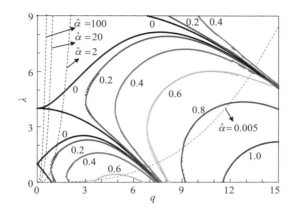

图 3.12　无黏液滴表面波线性增长率的等高线图

率，随着阶数 k 的增加，其相应的最大线性增长率越大。与液滴黏性的作用类似，随着 $|\hat{\beta}|$ 的增加，线性增长率等高线的拐角也变得越来越圆滑，等高线的左顶点不断向右移动远离 λ 轴，且移动的距离随着阶数 k 的增加而变大。

由前面的分析可知，根据式（3.72）可以将具体的实验工况在 $\lambda - q$ 坐标系中用三次曲线来表示，其中曲线的形状主要取决于无量纲参数 $\hat{\alpha} = \alpha / \rho_L \Delta_0^3 \omega^2$。根据本书的实验工况以及文献［61，82，84，86］中典型的实验工况，可计算得到一系列不同的 $\hat{\alpha}$ 值，范围在 ［1，100］。如图 3.12 所示，实验三次曲线分别与各阶不稳定区域中的线性增长率曲线相交。由于线性增长率移动的距离随着阶数 k 的增加而变大，加之实验的三次曲线又十分陡峭，所以在这些与实验三次曲线相交的线性增长率等高线中，位于第 1 阶不稳定区域的线性增长率总是最大。也就是说，实验中，液滴表面的最不稳定模态总是位于第 1 阶不稳定区域内。此外，如果考虑液滴黏性的影响，图 3.12 中线性增长率的等高线将进一步向右移动或收缩，则陡峭的实验三次曲线就更难与高阶不稳定区域中最大线性增长率的等高线相交。因此，在液滴黏性和最大线性增长率的双重作用下，实验更难观察到液滴表面产生除亚简谐振动以外的高阶振动模态。

$\hat{\alpha}$ = 0.005 是一个假想的实验曲线，在实际中很难达到这样的实验条件。如图 3.12 所示，当 $\hat{\alpha}$ = 0.005 时，三次曲线的初始阶段较为平缓，导致与 $\hat{\alpha}$ = 0.005 曲线相交的最大线性增长率位于简谐振动的不稳定区域（k = 2）。无量纲参数 $\hat{\alpha} = \alpha/\rho_L \Delta_0^3 \omega^2$ 表示表面张力与惯性力之比，说明当加速度足够大时，液滴表面能够产生简谐振动的不稳定模态，即存在一个 $\hat{\alpha}$ 阈值，使液滴表面波的模态从亚简谐振动转变为简谐振动。

3.5.2　Lang 方程的理论验证

雾化子液滴的直径与表面波的波长成正比[82]。如前所述，Lang[74] 研究了在超声频率下水平液层的雾化特性，发现子液滴的直径随振动频率的增加而减小，并拟合得到了一个用于计算雾化子液滴平均直径的经验公式，也称为 Lang 方程，即

$$d_m = (0.35 \pm 0.03) \cdot \Lambda = (0.35 \pm 0.03) \cdot 2\pi(\alpha/\rho_L)^{1/3}(2/\omega)^{2/3}$$

$$(3.90)$$

虽然式（3.90）经过了许多文献［76，85，86］的实验验证，但是由于 Lang 方程是基于数据拟合得到的经验公式，仍缺乏准确的物理解释。先前的研究曾把 Lang 方程中的第二项 $\Lambda = 2\pi(\alpha/\rho_L)^{1/3}(2/\omega)^{2/3}$ 解释为 Kelvin 表达式[117]。但是，Kelvin 表达式主要描述的是液体在作自由振动时表面波波长与频率的关系，而 Faraday 不稳定性是液体在受迫振动下所产生的，两者有本质的区别。本节试图通过线性理论并结合实验工况重新验证 Lang 方程的正确性。

根据上节的分析可知，大部分的实验工况均在 $\hat{\alpha} > O(1)$ 的范围，即最不稳定模态位于液滴的第 1 阶不稳定区域。因此，将图 3.12 中第 1 阶不稳定区域中线性增长率的等高线进行放大，见图 3.13。当实验三次曲线与最大线性增长率的等高线相切时，可求得该实验工况下液滴表面的最不稳定模态数，即表面波的模态数。图 3.13 展示了几组典型的实验工况，可

以发现，这些实验曲线与线性增长率等高线相切的切点基本上都位于线性增长率等高线的左顶点附近，并且这些切点所对应的 λ 值基本上不随实验工况 $\hat{\alpha}$ 的变化而改变，即有 $\lambda \approx 1$。当然，由图 3.12 可以清楚地看到，随着 $|\hat{\beta}|$ 的增加，线性增长率等高线的左顶点所对应的 λ 值将逐渐减小，但是，在 $0 < |\hat{\beta}| < 0.1$ 的范围内，其中大部分实验工况在此范围，λ 值的变化是极小的。因此，能够近似认为在典型的实验工况下，液滴表面的最不稳定模态所对应的 $\lambda = 1$。

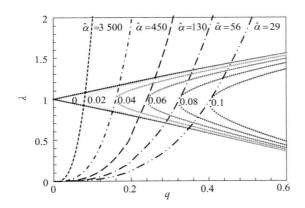

图 3.13　第 1 阶不稳定区域中线性增长率的等高线图

由 $\lambda = 1$ 和式（3.81）中 λ 的表达式，可得液滴表面最不稳定模态数的表达式为

$$l = r_0 \cdot (\alpha/\rho_{\mathrm{L}})^{-1/3} (2/\omega)^{-2/3} \qquad (3.91)$$

其中，在式（3.91）的推导过程中，假设 $l \gg 1$，认为液滴表面波的波长远小于母液滴的尺寸，以及 $\rho_{\mathrm{G}} = 0$，忽略了气体密度的影响。另外，由表 3.2 可知，随着黏性系数 $\hat{c}$ 的增加，$\lambda_k (k = 1)$ 几乎保持不变，所以式（3.91）同样适用于黏性液滴表面最不稳定模态数的计算。因此，将第 2 章实验研究中 2.3.1.1 小节 Case E – B 的实验参数代入表达式（3.91）并取整，可求得该工况下母液滴表面波的模态数 $l = 32$。

根据球面波长的表达式 $\Lambda = 2\pi r_0/l$ 以及式（3.91），可得到液滴表面

最不稳定模态扰动波的波长表达式为

$$\Lambda = 2\pi(\alpha/\rho_L)^{1/3}(2/\omega)^{2/3} \tag{3.92}$$

可以发现，式（3.92）与 Lang 方程（3.90）中 Λ 的表达形式一致，从而理论验证了 Lang 方程的正确性：雾化子液滴的平均直径与液滴表面最不稳定模态扰动波的波长成正比，比例系数为 0.35 ± 0.03。

需要注意的是，当 $\hat{\alpha} < O(1)$，例如当 $\hat{\alpha} = 0.005$ 时，如图 3.12 所示，实验三次曲线与最大线性增长率等高线的切点所对应的 λ 值将不能近似等于 1。因此，当 $\hat{\alpha} < O(1)$ 时，式（3.92）与 Lang 方程〔式（3.90）〕将不再成立。也就是说，液滴表面最不稳定模态数的计算公式（3.91）和 Lang 方程〔式（3.90）〕的适用条件为

$$\lambda = \frac{4\alpha(l-1)l(l+2)}{\rho_L r_0^3 \omega^2} = 1 \tag{3.93}$$

3.5.3　黏性液滴表面的最不稳定模态

根据黏性系数 c 的近似表达式（3.80），可将线性增长率 ζ 与模态数 l 及流动参数之间的色散关系〔式（3.45）〕简化为

$$\zeta^2 - \frac{2\mu_L}{\rho_L + \rho_G}\left(\frac{l}{r_0}\right)^2 \zeta - \left[\frac{(\rho_L - \rho_G)A_0\cos\theta\cos(\omega t)}{\rho_L + \rho_G}\frac{l}{r_0} - \frac{\alpha}{\rho_L + \rho_G}\left(\frac{l}{r_0}\right)^3\right] = 0 \tag{3.94}$$

求解方程（3.94）的解，得

$$\zeta = \frac{\mu_L}{\rho_L + \rho_G}\left(\frac{l}{r_0}\right)^2 - $$

$$\sqrt{\left[\frac{\mu_L}{\rho_L + \rho_G}\left(\frac{l}{r_0}\right)^2\right]^2 + \left[\frac{(\rho_L - \rho_G)A_0\cos\theta\cos(\omega t)}{\rho_L + \rho_G}\frac{l}{r_0} - \frac{\alpha}{\rho_L + \rho_G}\left(\frac{l}{r_0}\right)^3\right]} \tag{3.95}$$

因为当 $\text{Re}(\zeta) < 0$ 时液滴表面才会产生不稳定，所以上式舍去了方程的绝对正根。

将式（3.95）化为无量纲形式

$$\zeta^* = \frac{l^2}{1 + \rho_{G/L}}Oh - \sqrt{\left(\frac{l^2}{1 + \rho_{G/L}}Oh\right)^2 + \frac{(1 - \rho_{G/L})l}{1 + \rho_{G/L}}We\cos\theta\cos(\omega t) - \frac{l^3}{1 + \rho_{G/L}}}$$

$$(3.96)$$

其中，无量纲参数 $Oh = \mu_L / \sqrt{\rho_L r_0 \alpha}$ 可以用来度量黏性力与惯性力以及表面张力之间的相互关系。

如前所述，可以令 $\rho_{G/L} = 0$，则式（3.96）可进一步简化为

$$\zeta^* = l^2 Oh - \sqrt{(l^2 Oh)^2 + lWe\cos\theta\cos(\omega t) - l^3} \qquad (3.97)$$

通过对比发现，式（3.97）与文献［118］中 RT 不稳定性下液滴表面波的线性增长率表达式较为相似，所不同的是，在本书的液滴 Faraday 不稳定性问题中，线性增长率是随时间进行周期性变化的。

由式（3.97）可知，当 $We\cos\theta < l^2$ 时，ζ^* 的实数部分恒为正值，此时液滴表面保持稳定；当 $We\cos\theta > l^2$ 时，ζ^* 的值与 $\cos(\omega t)$ 有关，即在一个惯性力周期内，$\mathrm{Re}(\zeta^*)$ 可能为正也可能为负。当 $lWe\cos\theta\cos(\omega t) - l^3 < 0$ 时，$\mathrm{Re}(\zeta^*)$ 为正，液滴表面保持稳定；当 $lWe\cos\theta\cos(\omega t) - l^3 > 0$ 时，$\mathrm{Re}(\zeta^*)$ 为负，液滴表面波的振幅呈指数增长。

这里我们只考虑 $\mathrm{Re}(\zeta^*)$ 为负的情况。当 $We\cos\theta > l^2$ 时，由式（3.97）可得，在一个惯性力周期内表面波振幅增长的持续时间为 $\Delta t(l) = 2\arccos(l^2/(We\cos\theta))/\omega$。随着 l 的增加，Δt 逐渐减小。其间，当 $\cos(\omega t) = 1$ 时，液滴表面波线性增长率的绝对值达到最大，记绝对值最大时的线性增长率为

$$\zeta^*_{max}(l) = l^2 Oh - \sqrt{(l^2 Oh)^2 + lWe\cos\theta - l^3} \qquad (3.98)$$

由式（3.98）可知，最大线性增长率 ζ^*_{max} 与模态数 l 有关。当 ζ^*_{max} 的绝对值最大时，其所对应的模态数 l 即为黏性液滴表面的最不稳定模态。

为了求解黏性液滴表面的最不稳定模态数 l_m，下面将分 3 种情况进行分析。

1. $\alpha \to 0$ 时

此时，惯性力与黏性力的影响远大于表面张力的影响。对式（3.98）重新进行无量纲处理，得

$$\zeta_{max}^*(l) = \frac{\zeta_{max}(l)}{\mu_L/(\rho_L r_0^2)} = l^2 - \sqrt{l^4 + l\cos\theta \cdot R^2} \qquad (3.99)$$

其中，无量纲参数 $R = \rho_L \sqrt{A_0 r_0^3}/\mu_L$ 表示惯性力与黏性力之比。

求方程（3.99）以 l 为自变量的极值，得

$$l_m = -R^2 \cos\theta/(4\zeta_{max}^*(l_m)) \qquad (3.100)$$

再将式（3.100）回代到方程（3.99），得

$$\zeta_{max}^*(l_m) = -(R\cos\theta)^{2/3}/2 \qquad (3.101)$$

然后，将式（3.101）代入式（3.100），求得最不稳定模态数为

$$l_m = (R\cos\theta)^{1/3}/2 = (A_0\cos\theta)^{1/3}\rho_L^{2/3}r_0/(2\mu_L^{2/3}) \qquad (3.102)$$

2. $(l^2 Oh)^2 \ll (lWe\cos\theta - l^3)$ 时

此时，惯性力的影响远大于黏性力的影响。根据泰勒公式，式（3.98）可以近似为

$$\zeta_{max}^*(l) = l^2 Oh - \sqrt{(l^2 Oh)^2 + lWe\cos\theta - l^3}$$

$$= \sqrt{lWe\cos\theta - l^3} \cdot \left[\sqrt{\frac{(l^2 Oh)^2}{lWe\cos\theta - l^3}} - \sqrt{1 + \frac{(l^2 Oh)^2}{lWe\cos\theta - l^3}} \right]$$

$$\approx \sqrt{lWe\cos\theta - l^3} \cdot \left[\sqrt{\frac{(l^2 Oh)^2}{lWe\cos\theta - l^3}} - 1 - \frac{1}{2} \cdot \frac{(l^2 Oh)^2}{lWe\cos\theta - l^3} \right]$$

$$\approx -\sqrt{lWe\cos\theta - l^3} \qquad (3.103)$$

可以发现，式（3.103）与无黏液滴的线性增长率表达式（3.51）一致（当 $l \gg 1$ 时）。

求方程（3.103）以 l 为自变量的极值，可得最不稳定模态数为

$$l_m = \sqrt{We\cos\theta/3} \qquad (3.104)$$

3. $(l^2 Oh)^2 \gg (lWe\cos\theta - l^3)$ 时

此时，黏性力的影响远大于惯性力的影响。根据泰勒公式，式

（3.98）可以近似为

$$\zeta_{max}^*(l) = l^2 Oh - \sqrt{(l^2 Oh)^2 + lWe\cos\theta - l^3}$$

$$= l^2 Oh \cdot \left[1 - \sqrt{1 + \frac{lWe\cos\theta - l^3}{(l^2 Oh)^2}} \right]$$

$$\approx l^2 Oh \cdot \left[1 - 1 - \frac{1}{2} \cdot \frac{lWe\cos\theta - l^3}{(l^2 Oh)^2} \right]$$

$$= - \frac{We\cos\theta - l^2}{2lOh} \tag{3.105}$$

求方程（3.105）以 l 为自变量的导数，得

$$\frac{\mathrm{d}\zeta_{max}^*}{\mathrm{d}l} = \frac{We\cos\theta}{2l^2 Oh} + \frac{1}{2Oh} > 0 \tag{3.106}$$

式（3.106）表明，ζ_{max}^* 随着 l 的增加单调递增。由于 ζ_{max}^* 为负数，所以其绝对值随着 l 的增加单调递减。因此，对于高黏性液滴，小模态数表面波的线性增长率最大，即高黏性的液滴表面更容易产生小模态数的振动模态。这也解释了为什么实验[84-86]很难在高黏性流体的表面观察到大模态数的表面波。

需要说明的是，在平面 Faraday 不稳定性中液体表面波的波数是连续的，而在球面 Faraday 不稳定性中模态数是离散的正整数。由于上述推导得到的最不稳定模态数 l_m 并不一定是整数，所以可能存在多个不同的整数 l 具有相等的最大线性增长率[117]，同时也有可能出现通过上述公式计算得到的 l_m 位于不稳定区域之外的情况。因此，对于给定的实验工况，液滴表面的最不稳定模态数应该是与 l_m 最接近的整数，并且其所对应的组合（λ，q）位于液滴的不稳定区域内。

第4章

4

Faraday 不稳定性液线形成机理

4.1　二维 Faraday 单模态不稳定性液线形成机理

本节将基于直接数值模拟（DNS）得到的压力场和速度场等详细流场信息，阐释 Faraday 不稳定性导致液层表面失稳进而产生液线（ligament）的物理机理。首先，介绍模拟 Faraday 不稳定性的数值计算方法。其次，简要回顾 Benjamin 和 Ursell[41]在无黏近似中得出的线性理论，以引出本章所用的计算工况参数。然后，通过和线性理论以及其他仿真结果的对比，对计算代码进行验证。最后，介绍与大表面变形（液线形成）相关的详细动力学。

4.1.1　数值计算方法

在 Faraday 不稳定性作用下的液体表面变形演化过程是一个典型的气液两相流界面动力学问题。对其物理机理的阐释需要建立在准确的界面捕捉方法及流体控制方法之上。

4.1.1.1　物理模型

如图 4.1 所示，我们考虑一个密度为 ρ_L 的液层，其上覆盖着密度为 ρ_G 的气体层，水平放置在基底上。对于 Faraday 不稳定性，基底会承受标准正弦位移 $\Delta_0 \sin(\Omega t)$ 的垂直振动，其中 Δ_0 是振动位移幅度，Ω 是振动角频率。

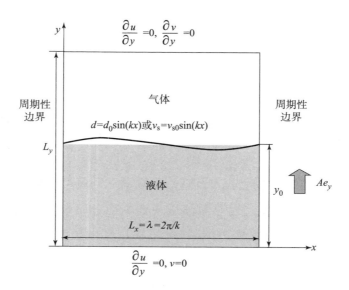

图 4.1　计算域、边界条件和初始条件的示意图

在本节中，我们考虑的是一个二维问题。Wright 等[79] 与 Takagi 和 Matsumoto 的研究[80] 表明，二维计算可以在一定程度上捕获 Faraday 不稳定性的非线性动力学特性。

为简便起见而又不失一般性，在本节研究中我们还忽略了流体黏性的影响。对于 Faraday 不稳定性，流体黏性的阻尼作用抑制了破碎[82,87,88]。但是，当振动角频率满足 $4\nu_L^2(\rho_L/\sigma)^{4/3}\Omega^{2/3} \ll 1$ 时（其中 ν_L 为液体运动黏度，σ 为表面张力系数），则可以认为振动液体处于无黏状态[44]。即使在通常使用低黏度液体以使雾化过程顺利进行的实际超声雾化过程中，该条件通常也可以得到满足。例如，我们可以估计在振动频率为 $f = 2\pi/\Omega =$ 2 MHz 情况下的蒸馏水层 $4\nu_L^2(\rho_L/\sigma)^{4/3}\Omega^{2/3} = 0.07$，这与 Donnelly 等[76]进行的一个实验条件近似相同。

因此，基于无黏假设的计算结果在 $k^3\nu_L^2/A \ll 1$ 范围内是有效的。此外，对于 Faraday 不稳定性，当满足另一条件 $\Omega > \Omega_* = g^{3/4}(\rho_L/\sigma)^{1/4}$ 时，毛细作用超过重力作用[76]。例如，对于蒸馏水层算例而言，$\Omega_* = 60.8$ rad/s（即 $f^* = 9.7$ Hz）。因此，当振动频率大于 $f_b = 10$ Hz 时，可以忽略重力的影响。

本节所研究问题中的流体都是不可压缩的，因此在固定于运动基底上的参考系中，系统运动由 Euler 方程控制，即

$$\begin{cases} \nabla \cdot \boldsymbol{u} = 0 \\ \rho(\phi)\left[\dfrac{\partial \boldsymbol{u}}{\partial t} + (\boldsymbol{u} \cdot \nabla)\boldsymbol{u}\right] = -\nabla p + \rho(\phi)A e_y + F_s \end{cases} \tag{4.1}$$

其中，$\boldsymbol{u}$ 为速度向量，其垂直方向的分量是相对基底的速度；p 为压力；e_y 为单位垂直向量；A（对于 Faraday 不稳定性 $A = \Delta_0\Omega^2\sin(\Omega t)$）为施加在液体上的有效惯性加速度；$\boldsymbol{F}_s$ 是表示表面张力的体积力向量，通过连续表面力（CSF）方法对其进行估算[119]

$$\boldsymbol{F}_s = \sigma\kappa\nabla H_\varepsilon(\phi) \tag{4.2}$$

本书将表面张力转化为体积力，并以一定厚度 ε 分散在界面周围区域内。该厚度 ε 的影响如图 4.2 所示，结果表明，在 $\Delta x < \varepsilon < 4\Delta x$（$\Delta x = \lambda/64$）范围内 ε 不会显著影响与 Faraday 不稳定性相关的主要动力学，在本节我们将 $\varepsilon = 3\Delta x$ 应用于所有计算。$\kappa = -\nabla \cdot \boldsymbol{n} = -\nabla \cdot (\nabla\phi/|\nabla\phi|)$ 为界面

曲率，其中 ϕ 为水平集（LS）函数，将在 4.1.1.2 小节详细讨论；$\pmb{n}$ 是液/气界面的单位法向向量，H_ε 是厚度为 ε 的平滑 Heaviside 函数，即

$$H_\varepsilon(\phi) = \begin{cases} 0, & \phi < -\varepsilon \\ \dfrac{1}{2}\Big[1 + \dfrac{\phi}{\varepsilon} + \dfrac{1}{\pi}\sin\Big(\pi\,\dfrac{\phi}{\varepsilon}\Big)\Big], & |\phi| \leqslant \varepsilon \\ 1, & \phi > \varepsilon \end{cases} \qquad (4.3)$$

$\rho(\phi)$ 是由式（4.4）定义的每个网格内平滑密度函数，即

$$\rho(\phi) = \rho_L \cdot H_\varepsilon(\phi) + \rho_G \cdot [1 - H_\varepsilon(\phi)] \qquad (4.4)$$

对于所有计算情况，均采用液/气密度比为 $\rho_L/\rho_G = 50$，以保持数值稳定性。该密度比比通常的水－空气系统（$\rho_L/\rho_G = 850$）小得多，但真正用于评估密度比对 Faraday 不稳定性的影响的是 Atwood 数 $a_t = (\rho_2 - \rho_1)/(\rho_2 + \rho_1)$。而在此两种密度比情况下的 Atwood 数分别为 0.96 和 0.99，非常接近于 1。James 等[87]研究了密度比对 VIDA 过程主要动力学的影响。结果表明，在 $50 \sim \infty$ 范围内，液滴喷射量和液滴喷射时间几乎与密度比无关。这表明从当前利用 $\rho_L/\rho_G = 50$ 的数值计算获得的动力学可以应用于通常的水－空气系统。

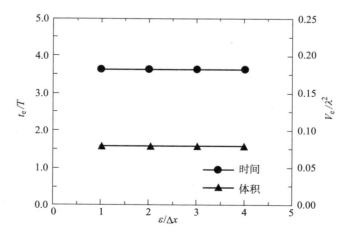

图 4.2　界面过渡区厚度 ε 对 Faraday 不稳定性相关的主要动力学的影响，t_e 是第一个液滴喷射发生的时间，V_e 是第一个液滴喷射量。$T = 2\pi/\Omega$ 是振动周期

　　用图 4.1 中指定的边界条件求解方程（4.1）。水平方向上，在左右边界处施加周期边界条件。计算域的上边界设置为自由边界。在 Faraday 不稳定性中，受液体表面变形主要动力学影响的区域仅限于距表面 $1/k$ 的深度内。在本研究中，为达到目的而模拟太深的液层非常耗时且不必要。实际上，比表面变形影响深度（$>1/k$）深的液体实质上会随振动基底一起运动，因此具有与基底相同的效果。此后，除非另有说明，所有计算工况下液体深度都设置为 $y_0 = \lambda > 1/k$。由于不考虑液体的黏性，计算域的底部边界设置为滑移壁面。计算域水平方向跨度为 1 个波长（$L_x = \lambda$），垂直方向跨度为 2.5 个波长（$L_y = 2.5\lambda$）。

　　计算初始时，除了界面外，液相和气相都设定为静止状态，气 – 液界面受到干扰而引发不稳定性。在本研究中，施加的初始扰动为表面垂直速度分布 $v_s = v_{s0}\sin(kx)$，与振动速度的振幅相比，式中 v_{s0} 值较小。此速度扰动等效于施加初始表面位移扰动 $d = d_0\sin(kx)$，并且在此研究中更易于进行数值操作。

　　控制方程在均匀交错网格上进行离散。通过比较不同网格分辨率的数值结果来评估网格分辨率（$\Delta x = \Delta y$）的影响，如图 4.3 所示。对于 Faraday 不稳定性，如图 4.3 所示，我们对比了 Faraday 液线发生第一次液滴破碎的时间 t_e 和液滴的体积 V_e。可以看到，当网格尺寸小于 $\lambda/32$ 之后，网格分辨率对于 Faraday 不稳定性相关的动力学特性影响变得很小。本研究中的网格分辨率设置为 $\Delta x = \Delta y = \lambda/64$，该设置足够精细，可以正确捕捉动力学。

　　为保证数值计算结果的稳定性，数值模拟的时间步长都由两个限制条件确定：物质（如自由表面）和表面张力波在一个时间步长以内不能移动超过一个网格尺寸的距离。由此我们得到[120]

$$\Delta t = \min\left[C_r \frac{\Delta x}{|u_{\max}|}, C_r \frac{\Delta y}{|v_{\max}|}, \sqrt{\frac{\min(\rho_L, \rho_G)}{4\sigma}\min(\Delta x, \Delta y)^3} \right] \quad (4.5)$$

其中，在我们的计算中 C_r（Courant 数）设置为 0.25；$u_{\max}$ 和 $v_{\max}$ 分别为每

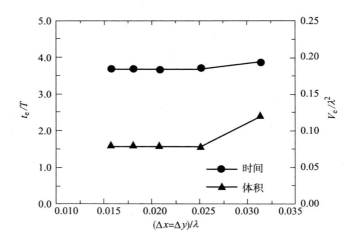

图4.3　网格分辨率对于 Faraday 不稳定性相关的主要动力学的影响

个计算瞬时水平方向和垂直方向速度的最大值。

4.1.1.2　数值求解方法

1. 求解 Euler 方程的数值方法

如上所述，本节将在均匀交错的网格上离散化控制方程。如图 4.4 所示，速度向量存储在网格边缘，而压力和密度存储在网格中心。这种网格配置非常适合求解压力场和速度场随时间变化的"标记和单元"Marker and Cell，（MAC）方法[121]。

首先，忽略压力梯度项，对流项采用显式二阶迎风格式，获得相对前一时间步（第 $n-1$ 时间步）的中间速度（上标°）。对于速度 u 的控制体积为

$$u_{i,j}^{\circ} = u_{i,j}^{n-1} - \Delta t \cdot \left(u_{i,j}^{n-1} \cdot \frac{\chi \cdot 4u_{i+\chi,j}^{n-1} - \chi \cdot 3u_{i,j}^{n-1} - \chi \cdot u_{i+2\chi,j}^{n-1}}{2\Delta x} + v_{ui,j}^{n-1} \cdot \right.$$

$$\left. \frac{\psi \cdot 4u_{i,j+\psi}^{n-1} - \psi \cdot 3u_{i,j}^{n-1} - \psi \cdot u_{i,j+2\psi}^{n-1}}{2\Delta y} \right) + \Delta t \cdot \frac{\sigma \kappa}{\rho_{ui,j}^{n-1}} \cdot \frac{H_{\varepsilon}(\phi_{i+1,j}^{n-1}) - H_{\varepsilon}(\phi_{i,j}^{n-1})}{\Delta x}$$

$$(4.6)$$

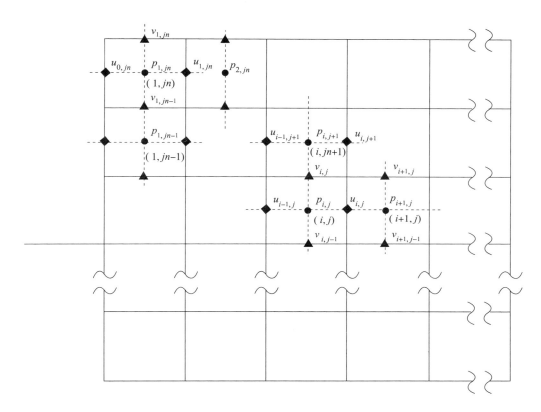

图 4.4　离散中使用的交错网格

其中，右边的上标表示时间索引，下标表示网格索引，且

$$
\begin{cases}
v_{ui,j}^{n-1} = (v_{i,j}^{n-1} + v_{i+1,j}^{n-1} + v_{i,j-1}^{n-1} + v_{i+1,j-1}^{n-1})/4, \rho_{ui,j}^{n-1} = (\rho_{i,j}^{n-1} + \rho_{i+1,j}^{n-1})/2 \\
\chi = -\operatorname{sgn}(u_{i,j}^{n-1}) = \begin{cases} 1, u_{i,j}^{n-1} < 0 \\ -1, u_{i,j}^{n-1} \geqslant 0 \end{cases} \text{ 和 } \psi = -\operatorname{sgn}(v_{ui,j}^{n-1}) = \begin{cases} 1, v_{ui,j}^{n-1} < 0 \\ -1, v_{ui,j}^{n-1} \geqslant 0 \end{cases}
\end{cases}
$$

$$(4.7)$$

类似地，对于速度 v 的控制体积为

$$
v_{i,j}^{\circ} = v_{i,j}^{n-1} - \Delta t \cdot \left(u_{vi,j}^{n-1} \cdot \frac{\varpi \cdot 4v_{i+\varpi,j}^{n-1} - \varpi \cdot 3v_{i,j}^{n-1} - \varpi \cdot v_{i+2\varpi,j}^{n-1}}{2\Delta x} + v_{i,j}^{n-1} \cdot \right.
$$

$$\frac{\iota \cdot 4\nu_{i,j+\iota}^{n-1} - \iota \cdot 3\nu_{i,j}^{n-1} - \iota \cdot \nu_{i,j+2\iota}^{n-1}}{2\Delta y}\Bigg) + \Delta t \cdot \frac{\sigma\kappa}{\rho_{vi,j}^{n-1}} \cdot$$

$$\frac{H_\varepsilon(\phi_{i,j+1}^{n-1}) - H_\varepsilon(\phi_{i,j}^{n-1})}{\Delta y} \tag{4.8}$$

其中，$u_{vi,j}^{n-1} = (u_{i,j}^{n-1} + u_{i,j+1}^{n-1} + u_{i-1,j}^{n-1} + u_{i-1,j+1}^{n-1})/4$，$\rho_{vi,j}^{n-1} = (\rho_{i,j}^{n-1} + \rho_{i,j+1}^{n-1})/2$；

$$\varpi = -\operatorname{sgn}(u_{vi,j}^{n-1}) = \begin{cases} 1, u_{vi,j}^{n-1} < 0 \\ -1, u_{vi,j}^{n-1} \geqslant 0 \end{cases} \text{和} \iota = -\operatorname{sgn}(v_{i,j}^{n-1}) = \begin{cases} 1, v_{i,j}^{n-1} < 0 \\ -1, v_{i,j}^{n-1} \geqslant 0 \end{cases}$$

$$\tag{4.9}$$

一般来说，由于压力变化，这些中间速度不满足连续性方程。从中间速度导出的当前时间步（第 n 时间步）速度为

$$u_{i,j}^n = u_{i,j}^\circ - \frac{\Delta t}{\rho_{ui,j}^{n-1}} \cdot \left(\frac{p_{i+1,j}^n - p_{i,j}^n}{\Delta x}\right) \text{和} v_{i,j}^n = v_{i,j}^\circ - \frac{\Delta t}{\rho_{vi,j}^{n-1}} \cdot \left(\frac{p_{i,j+1}^n - p_{i,j}^n}{\Delta y}\right)$$

$$\tag{4.10}$$

需要满足连续性方程

$$\frac{u_{i,j}^n - u_{i-1,j}^n}{\Delta x} + \frac{v_{i,j}^n - v_{i,j-1}^n}{\Delta y} = 0 \tag{4.11}$$

然后，将方程（4.10）代入方程（4.11），得到以中间速度的散度为源项的离散压力泊松方程，即

$$a_1 p_{i+1,j}^n + a_2 p_{i-1,j}^n + a_3 p_{i,j+1}^n + a_4 p_{i,j-1}^n - a_5 p_{i,j}^n = d_{i,j}^\circ \tag{4.12}$$

其中，$a_1 = \Delta t/(\rho_{ui,j}^{n-1} \cdot \Delta x)$，$a_2 = \Delta t/(\rho_{ui-1,j}^{n-1} \cdot \Delta x)$，$a_3 = \Delta t/(\rho_{vi,j}^{n-1} \cdot \Delta y)$，$a_4 = \Delta t/(\rho_{vi,j-1}^{n-1} \cdot \Delta y)$，$a_5 = a_1 + a_2 + a_3 + a_4$，$d_{i,j}^\circ = (u_{i,j}^\circ - u_{i-1,j}^\circ)/\Delta x + (v_{i,j}^\circ - v_{i,j-1}^\circ)/\Delta y$。该泊松方程的解通过式（4.10）确定了当前时刻的速度场。用传统的 Gauss – Seidel 迭代方法求解离散泊松方程，并将收敛准则设为残差小于 10^{-10}。

2. 界面捕捉的 CLSVOF 方法

Faraday 不稳定性数值模拟的关键是液 – 气界面的准确捕捉。已有多种方法可以捕获液 – 气界面。除了动网格或自适应网格方法在研究小振幅

波和弱变形气泡的运动方面特别成功之外[122]，固定网格方法也已广泛用于自由表面和界面流动的直接数值计算。一种固定网格方法是首先标记表面粒子并随时间推移对其进行跟踪，称为"表面标记法"（surface - marker method）[123,124]。表面标记法的一个重要优点是该界面可以由高阶插值多项式表示，从而可以提高曲率估计的准确性。

表面标记法是一种拉格朗日类方法，需要跟踪每个表面粒子的运动。对于两相流，流体体积法（Volume of Fluid，VOF）易于描述和编程，在模拟与界面相关的问题中得到了更广泛的应用。VOF 方法的基本思想如下：

（1）定义一个函数 F，该函数的值在被其中一种流体完全占据的网格中的值为 1，而在被另一种流体完全占据的网格中的值为 0。对于包含以上两种流体的网格（称为界面网格），F 的值介于 0～1（$0 < F < 1$）。

（2）F 函数在流场中的运动规律由对流方程

$$\frac{\partial F}{\partial t} + (\boldsymbol{u} \cdot \nabla)F = 0 \tag{4.13}$$

控制。

（3）F 函数在流场中对流之后，根据新一时间步得到的 F 值，通过多项式函数（通常是直线段）重建每个界面网格中的界面。Hirt 和 Nichols[125] 提出了一种简单的线界面计算（SLIC）方法重构界面网格中的界面。在这种方法中，重建的界面是与网格边缘对齐的一条或两条线。该方法计算简单，但仅具有一阶精度。为了提高重建精度，有人提出对边界进行线性近似[126-128]，即所谓分段线性界面计算（PLIC）方法。Pilliod Jr 和 Puckett[129] 介绍了两种基于 PLIC 方法的二阶精度界面重建算法。由于 VOF 函数 F 的不连续性，方程（4.13）不适于通过传统的数值方法离散化，而是通过几何方法离散化。F 对流的常用方法是所谓的"分裂对流算法"（split convection algorithm）[129]，其中对不同方向的对流独立进行处理。除多孔介质中位移不稳定的问题外，该对流算法已被证实能够在多数界面问题上获得令人满意的结果。而在处理多孔介质中位移不稳定的问题时，最好使用"不分裂对流算法"（unsplit convection algorithm）[130]。

Sussman 等[131]开发的 level - set（LS）方法，是常用于捕获固定网格界面的另一种方法。在 LS 方法中，定义一个 LS 函数 ϕ 表征从任意点到界面的带符号距离（有正有负）以跟踪界面。因此，气 - 液界面可以通过等值面（线）$\phi = 0$ 来间接描述。LS 方法的基本思想如下。首先，为每个网格分配 LS 函数的带符号值 ϕ 作为初始条件。其次，通过控制方程

$$\frac{\partial \phi}{\partial t} + (\boldsymbol{u} \cdot \nabla)\phi = 0 \tag{4.14}$$

来计算不同时刻的 LS 函数值。在对式（4.14）进行数值计算一段时间后，可能会导致 ϕ 变得不再是距离函数（即 $|\nabla\phi| \neq 1$）。最后，需要采用所谓的重新初始化过程（re - initilization）来保证 ϕ 仍然是距离函数[131]，即

$$\frac{\partial \phi}{\partial \tilde{t}} = \mathrm{sgn}(\phi°)(1 - |\nabla\phi|) \tag{4.15}$$

其中，$\phi°$ 为对流后的 LS 值，$\tilde{t}$ 是一个虚拟时间。不同于 VOF 函数 F 的不连续性，ϕ 是跨界面的连续函数。因此，方程（4.15）可以通过常规的对流速度格式来处理，如基本非振荡（ENO）格式[132,133]等。

由于 ϕ 的连续性，LS 方法在计算界面曲率方面精度更高。但是，它在保持其距离属性所需的重新初始化步骤中通常由于累积的数值误差而不能保证其守恒性。尽管 Sussman 和 Fatemi[132]在重新初始化过程中提出了一个约束条件，以提高其在体积守恒方面的性能，但结果仍然不尽如人意。VOF 方法本质上是一种体积守恒的方法，但是由于其在界面周围的阶梯状特点导致其在计算界面曲率方面的精度较差，限制了其应用。因此，结合这两种方法优势的 CLSVOF（Coupled Level - set and Volume of Fluid）方法[133-138]最近已在多相流计算方面得到了广泛应用。各种版本 CLSVOF 方法之间的主要区别是 LS 和 VOF 函数耦合方式的不同。本书采用质量守恒水平集（MCLS）方法[134]捕获界面来研究 Faraday 不稳定性，具体过程如下：

（1）从 ϕ 中推导出 VOF 函数 F。F 和 ϕ 均定义在网格中心。F 的值通

过关于 ϕ 的显式函数获得。

$$F_{i,j}(\phi_{i,j},\nabla\phi_{i,j}) = \begin{cases} 0, & \phi_{i,j} \leqslant -\phi_{\text{max}i,j} \\[2mm] \dfrac{1}{2}\dfrac{(\phi_{\text{max}i,j}+\phi_{i,j})^2}{(\phi_{\text{max}i,j}^2-\phi_{i,j}^2)}, & -\phi_{\text{max}i,j} < \phi_{i,j} < -\phi_{\text{mid}i,j} \\[2mm] \dfrac{1}{2}+\dfrac{\phi_{i,j}}{(\phi_{\text{max}i,j}+\phi_{\text{mid}i,j})}, & -\phi_{\text{mid}i,j} < \phi_{i,j} < \phi_{\text{mid}i,j} \\[2mm] 1-\dfrac{1}{2}\dfrac{(\phi_{\text{max}i,j}-\phi_{i,j})^2}{(\phi_{\text{max}i,j}^2-\phi_{i,j}^2)}, & \phi_{\text{mid}i,j} < \phi_{i,j} < \phi_{\text{max}i,j} \\[2mm] 1, & \phi_{i,j} \geqslant \phi_{\text{max}i,j} \end{cases}$$

$$(4.16)$$

其中，

$$\phi_{\text{max}i,j} = \frac{1}{2}\left(\left|\Delta y\frac{\partial\phi}{\partial y}\right|_{i,j}+\left|\Delta x\frac{\partial\phi}{\partial x}\right|_{i,j}\right), \quad \phi_{\text{mid}i,j} = \frac{1}{2}\left|\left|\Delta y\frac{\partial\phi}{\partial y}\right|_{i,j}-\left|\Delta x\frac{\partial\phi}{\partial x}\right|_{i,j}\right|$$

$$(4.17)$$

通过中心差分来近似。

（2）LS 函数 ϕ 的对流。如上所述，在确定了第 n 时间步的速度场之后，根据方程（4.14），通过该速度场计算对流后的 LS 函数 ϕ^n。在本节中，方程（4.14）采用二阶 ENO 离散格式[132,133]进行求解。方程（4.14）可以表示为守恒形式：

$$\frac{\partial\phi}{\partial t}+\nabla\cdot(\boldsymbol{u}\phi) = 0 \tag{4.18}$$

然后，将通过 ENO 方案离散的对流项 $\partial(u\phi)/\partial x$ 的 x 分量表示为

$$\frac{\partial(u\phi)}{\partial x} = \frac{(u\phi)_{i+1/2,j}-(u\phi)_{i-1/2,j}}{\Delta x} = \frac{u_{i,j}\phi_{i+1/2,j}-u_{i-1,j}\phi_{i-1/2,j}}{\Delta x} \tag{4.19}$$

其中，下标 $(i+1/2,j)$ 和 $(i-1/2,j)$ 分别代表网格 (i,j) 的左右边缘。以网格左侧边缘 $\phi_{i-1/2,j}$ 的 ϕ 值为例，可得

$$
\phi_{i-1/2,j} = \begin{cases} \phi_{i-1,j} + \dfrac{1}{2}\mathrm{minmod}(\phi_{i,j} - \phi_{i-1,j}, \phi_{i-1,j} - \phi_{i-2,j}), & u_{i-1,j} > 0 \\[2ex] \phi_{i,j} - \dfrac{1}{2}\mathrm{minmod}(\phi_{i,j} - \phi_{i-1,j}, \phi_{i+1,j} - \phi_{i,j}), & \text{其他} \end{cases}
$$

$$(4.20)$$

以及

$$
\mathrm{minmod}(a,b) = \begin{cases} a, |a| \leqslant |b| \\ b, \text{其他} \end{cases}
$$

$$(4.21)$$

对流项 $\partial(v\phi)/\partial y$ 的离散 y 分量具有与方程 (4.19) 和方程 (4.20) 类似的形式，即

$$
\frac{\partial(v\phi)}{\partial y} = \frac{(v\phi)_{i,j+1/2} - (v\phi)_{i,j-1/2}}{\Delta y} = \frac{v_{i,j}\phi_{i,j+1/2} - v_{i,j-1}\phi_{i,j-1/2}}{\Delta y} \quad (4.22)
$$

与

$$
\phi_{i,j-1/2} = \begin{cases} \phi_{i,j-1} + \dfrac{1}{2}\mathrm{minmod}(\phi_{i,j} - \phi_{i,j-1}, \phi_{i,j-1} - \phi_{i,j-2}), & v_{i,j-1} > 0 \\[2ex] \phi_{i,j} - \dfrac{1}{2}\mathrm{minmod}(\phi_{i,j} - \phi_{i,j-1}, \phi_{i,j+1} - \phi_{i,j}), & \text{其他} \end{cases}
$$

$$(4.23)$$

其中，下标 $(i, j+1/2)$ 和 $(i, j-1/2)$ 分别代表网格 (i, j) 的顶部和底部边缘。通过二阶 Runge – Kutta 格式将非定常项离散化，然后得到对流后第一个中间 LS 函数 $\varphi^{n,\circ}$。

（3）LS 函数 ϕ 的重新初始化。使 ϕ 总是保持距离函数对于准确捕获界面和计算表面张力非常重要。尽管 LS 函数 ϕ 最初是带符号的距离函数，但通过非均匀流对流后，它会逐渐偏离距离函数的属性[133]。因此，需要采用重新初始化方式校正 $\phi^{n,\circ}$ 使其重新变为距离函数。方程 (4.15) 也可以写成

$$
\frac{\partial \phi}{\partial \tilde{t}} + \boldsymbol{w} \cdot \nabla \phi = \mathrm{sgn}(\phi^{\circ}) \tag{4.24}
$$

其中，

$$w = \frac{\nabla \phi}{|\nabla \phi|} \mathrm{sgn}(\phi^{\circ}) \tag{4.25}$$

可以将其视为属性传播速度，其量级为 1，且由零水平集指向外。由于距离函数属性仅需要保留在靠近交界面的区域中（ $= m\Delta x$，其中 m 为整数），我们可以对于 $\tilde{t} = 0, \cdots, m\Delta x$ 求解方程（4.24）。方程（4.24）速度 w 具有对流方程形式，因此分别使用第二 ENO 格式和第二阶 Runge – Kutta 格式来离散对流项和非稳态项。注意，在此 MCLS 方法中，重新初始化后，我们没有在新的时刻 ϕ^n 获得 LS 函数，而是获得了第二个中间 LS 函数 $\phi^{n,\circ\circ}$，该函数需要进一步修正以满足质量守恒的要求。

（4）VOF 函数 F 的对流。在第 $(n-1)$ 瞬间，VOF 函数由式（4.16）确定。考虑流经计算网格边界的流体流量，可以得出在一个时间步长 Δt 对流后的 F^n。如上所述，由于 VOF 函数的不连续性，方程（4.13）不能用传统的数值方法离散化，而应该用几何处理。因此，F^n 可以规定为

$$F_{i,j}^n = F_{i,j}^{n-1} - \frac{1}{\Delta x \Delta y}(\mathrm{FLR}_{i,j} - \mathrm{FLL}_{i,j} + \mathrm{FLT}_{i,j} - \mathrm{FLB}_{i,j}) \tag{4.26}$$

其中，$\mathrm{FLR}_{i,j}$，$\mathrm{FLL}_{i,j}$，$\mathrm{FLT}_{i,j}$ 和 $\mathrm{FLB}_{i,j}$ 分别是通过网格右、左、上和下边缘的通量。在下文中，我们将以一个示例，说明如何计算通过网格左边缘的通量，而其他的计算方法与此类似。为了使 F 的离散对流方程中包含迎风特性，可以将通过左边缘的通量视为两个相邻元素的贡献，分别为 FLL^+ 和 FLL^-。当 $\mathrm{FLL}^- = 0$ 时 $\mathrm{FLL}^+ \neq 0$，反之亦然。这样，通量可以写作

$$\mathrm{FLL}_{i,j} = \mathrm{FLL}_{i,j}^+ + \mathrm{FLL}_{i,j}^- \tag{4.27}$$

其中，通量 FLL^+ 和 FLL^- 由下式计算

$$\mathrm{FLL}_{i,j}^+ = \Delta x \Delta y \int_{\xi = \frac{1}{2} - v^+}^{\frac{1}{2}} \int_{\eta = -\frac{1}{2}}^{\frac{1}{2}} H(\phi_L + D_{xL}\xi + D_{yL}\eta)\,\mathrm{d}\xi\mathrm{d}\eta \tag{4.28}$$

和

$$\mathrm{FLL}_{i,j}^- = -\Delta x \Delta y \int_{\xi = -\frac{1}{2}}^{-\frac{1}{2} - v^-} \int_{\eta = -\frac{1}{2}}^{\frac{1}{2}} H(\phi_R + D_{xR}\xi + D_{yR}\eta)\,\mathrm{d}\xi\mathrm{d}\eta \tag{4.29}$$

其中，H 为 Heaviside 函数；$\xi = (x - x_i)/\Delta x$；$\eta = (y - y_j)/\Delta y$；

$$v^+ = \frac{\max(u_{i-1,j},0)\Delta t}{\Delta x}, v^- = \frac{\min(u_{i-1,j},0)\Delta t}{\Delta x} \qquad (4.30)$$

$$\phi_{\mathrm{L}} = \phi_{i-1,j}, \phi_{\mathrm{R}} = \phi_{i,j} \qquad (4.31)$$

及

$$D_{x\mathrm{L}} = \Delta x \left.\frac{\partial \phi}{\partial x}\right|_{i-1,j}, D_{y\mathrm{L}} = \Delta y \left.\frac{\partial \phi}{\partial y}\right|_{i-1,j}, D_{x\mathrm{R}} = \Delta x \left.\frac{\partial \phi}{\partial x}\right|_{i,j}, D_{y\mathrm{R}} = \Delta y \left.\frac{\partial \phi}{\partial y}\right|_{i,j}$$

$$(4.32)$$

通过一些缩放，这些通量变为

$$\mathrm{FLL}_{i,j}^+ = v^+ \Delta x \Delta y \cdot F_{i,j}\left(\phi_{\mathrm{L}} + \frac{1}{2}(1-v^+)D_{x\mathrm{L}},\left(\frac{1}{\Delta x}v^+ D_{x\mathrm{L}},\frac{1}{\Delta y}D_{y\mathrm{L}}\right)\right)$$

$$\mathrm{FLL}_{i,j}^- = v^- \Delta x \Delta y \cdot F_{i,j}\left(\phi_{\mathrm{R}} - \frac{1}{2}(1+v^-)D_{x\mathrm{R}},\left(-\frac{1}{\Delta x}v^- D_{x\mathrm{R}},\frac{1}{\Delta y}D_{y\mathrm{R}}\right)\right)$$

$$(4.33)$$

变量的这种缩放使 VOF 的对流变得非常简单，这是因为方程（4.33）中给出了该函数。其他通量以相同的方式获得。

在获得 4 个边缘周围的通量之后，为了获得新的时间步长的 VOF 函数，考虑简洁性和三维设置的可实现性，我们将使用通量分离法，即

$$\begin{cases} F_{i,j}^{\circ} = \dfrac{F_{i,j}^{n-1} - \dfrac{1}{\Delta x \Delta y}(\mathrm{FLR}_{i,j} - \mathrm{FLL}_{i,j})}{1 - \dfrac{\Delta t}{\Delta x}(u_{i,j} - u_{i-1,j})} \\[4mm] F_{i,j}^{\circ\circ} = \dfrac{F_{i,j}^{\circ} - \dfrac{1}{\Delta x \Delta y}(\mathrm{FLT}_{i,j} - \mathrm{FLB}_{i,j})}{1 - \dfrac{\Delta t}{\Delta y}(v_{i,j} - v_{i,j-1})} \\[4mm] F_{i,j}^{n} = F_{i,j}^{\circ\circ} - \Delta t\left(F_{i,j}^{\circ}\dfrac{u_{i,j} - u_{i-1,j}}{\Delta x} + F_{i,j}^{\circ\circ}\dfrac{v_{i,j} - v_{i,j-1}}{\Delta y}\right) \end{cases} \qquad (4.34)$$

应该注意的是，由于对 VOF 的对流［式（4.14）］进行了几何处理，所以质量是守恒的。但是，由于数值误差，在新的时间步长 $F_{i,j}^{n}$ 可能仍会出现 VOF 值迭代过度或迭代不足，从而导致 $F_{i,j}^{n}$ 的非物理意义值，也就是

$F_{i,j}^n < 0$ 或 $F_{i,j}^n > 1$。在本书中，我们将简单地截断每个网格上的 F 值，通常这样仅产生 10^{-4} 阶的质量误差[134]。其他研究人员[120,125,134,135]在其 VOF 或 CLSVOF 计算中也采用了这种截断处理的方法。

（5）用于质量守恒的反函数迭代。将 LS 与 VOF 耦合以使质量守恒时，LS 对流并重新初始化和 VOF 对流后，需要方程（4.16）的反函数 $G_{i,j}(F_{i,j}, \nabla\phi_{i,j})$。换句话说，我们需要找到 $\phi_{i,j}^n$，这是重新初始化 $\phi_{i,j}^{n,\circ\circ}$ 后 LS 函数的修正，以满足

$$\max\{|F_{i,j}(\phi_{i,j}^n, \nabla\phi_{i,j}^n) - F_{i,j}^n|\} \leqslant \varepsilon_0 \tag{4.35}$$

其中，ε_0 为公差。$\phi_{i,j}^n$ 可以通过下面的迭代确定。首先，将初始猜测 $\phi_{i,j}^{n,0} = \phi_{i,j}^{n,\circ\circ}$ 代入方程（4.16）且如果

$$\max\{|F_{i,j}(\phi_{i,j}^{n,0}, \nabla\phi_{i,j}^{n,0}) - F_{i,j}^n|\} \leqslant \varepsilon_0 \tag{4.36}$$

则迭代停止且 $\phi_{i,j}^n = \phi_{i,j}^{n,\circ\circ}$。如果不满足方程（4.36），则令

$$\phi_{i,j}^{n,p} = G_{i,j}(F_{i,j}^n, \nabla\phi_{i,j}^{n,p-1}), (p = 1,2,\cdots) \tag{4.37}$$

其中，

$$G_{i,j}(F_{i,j}, \nabla\phi_{i,j}) = \begin{cases} -\phi_{\max}, & F_{i,j} \leqslant 0 \\ \sqrt{2F_{i,j}(\phi_{\max i,j}^2 - \phi_{i,j}^2)} - \phi_{\max}, & 0 < F_{i,j} < F_{\mathrm{mid}} \\ (F_{i,j} - 0.5)(\phi_{\max i,j} + \phi_{\mathrm{mid} i,j}), & F_{\mathrm{mid}} \leqslant F_{i,j} \leqslant 1 - F_{\mathrm{mid}} \\ -\sqrt{2(1 - F_{i,j})(\phi_{\max i,j}^2 - \phi_{i,j}^2)} + \phi_{\max}, & 0 < F_{i,j} < F_{\mathrm{mid}} \\ \phi_{\max}, & F_{i,j} \geqslant 1 \end{cases} \tag{4.38}$$

且

$$F_{\mathrm{mid}} = \frac{1}{2} \frac{\phi_{\max} + 3\phi_{\mathrm{mid}}}{\phi_{\max} + \phi_{\mathrm{mid}}} \tag{4.39}$$

重复迭代直到满足

$$\max\{|F_{i,j}(\phi_{i,j}^{n,p}, \nabla\phi_{i,j}^{n,p}) - F_{i,j}^n|\} \leqslant \varepsilon_0 \tag{4.40}$$

然后，$\phi_{i,j}^n = \phi_{i,j}^{n,p}$。本书中我们设定了误差 $\varepsilon_0 = 10^{-8}$。MCLS 算法的整体逻

辑如图 4.5 所示。

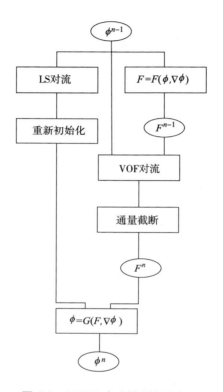

图 4.5　MCLS 方法的程序流程图

4.1.2　Mathieu 方程

考虑水平放置在标准正弦位移 $\Delta_0 \sin(\Omega t)$ 垂直振动的基底上的液层，其中 Δ_0 是振动位移的幅值，Ω 是角频率。任何表面变形都可以通过水平坐标 x 中的傅里叶级数表示。在线性状态下每个傅里叶分量 $\delta(t)\sin(kx)$ 彼此独立。线性假设下，振幅 $\delta(t)$ 服从 Mathieu 方程，即

$$\frac{\mathrm{d}^2 \delta}{\mathrm{d}\tau^2} = (X\sin\tau - Y)\cdot\delta \qquad (4.41)$$

其中，$\tau = \Omega t$。液层的线性稳定性由两参数 X 和 Y 决定，参数 X 及 Y 定

义为

$$X = k\Delta_0 \tanh(ky_0) \ \text{及} \ Y = \left(\frac{\omega}{\Omega}\right)^2 = \frac{\sigma k^3 \tanh(ky_0)}{\rho_L \Omega^2} \tag{4.42}$$

式中 y_0 为液层深度；σ 为表面张力系数；ρ_L 为液体密度。

　　在物理上，X 代表起不稳定作用的惯性效应，而 Y 代表起稳定作用的毛细效应。对于每个参数组合 $(X，Y)$，我们可获得表面变形振幅 $\delta(t)$ 的解，从解的表现可以判断自由表面的运动是否稳定，并且可以判断表面振动的响应为亚谐波、谐波或高阶谐波。由此线性理论得出的不稳定性状态在图 4.6 中以阴影线表示。

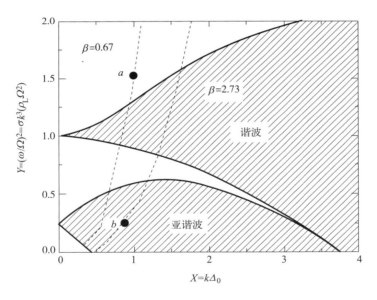

图 4.6　Mathieu 方程的不稳定性区域（阴影区域）。表面波是否稳定取决于参数对 $(X，Y)$。在谐波状态下，所得的表面波频率等于振动频率 Ω，而在次谐波状态下，所得的表面波频率等于振动频率 Ω 的 $1/2$。每条虚线 $Y = X^3/\beta$ 对应于一个振动强度，即无量纲参数 $\beta = \Delta_0^3 \Omega^2/\sigma$。标记为 "$a$" 和 "$b$" 的两个符号分别对应于参数对 $(X = 1，Y = 1.5)$ 和 $(X = 0.88，Y = 0.25)$，这是在 4.1.3 节中进行数值验证的情况

　　通过消去方程（4.42）中的 k，具有一组确定振动位移幅值和频率值

(Δ_0, Ω) 的实验可被描述为一条三次曲线，如图 4.6 所示。在 $\tanh(ky_0) \to 1$ 的假设下，曲线可表示为

$$Y = X^3 \left(\frac{\sigma}{\rho_{\rm L} \Delta_0^3 \Omega^2} \right) = \frac{X^3}{\beta} \tag{4.43}$$

其中，$\beta = \rho_{\rm L} \Delta_0^3 \Omega^2 / \sigma$ 为无量纲振动加速度振幅的立方，表示振动强度。在这种振动强度下所有可能导致液线形成的不稳定波数都应位于该曲线的不稳定性区域中。超声雾化实验表明，雾化液滴的平均直径与频率有关，其关系服从 $d_{\rm m} \cong 0.34\lambda \sim c(1/\Omega)^{2/3}$ [74,76]，其中当液体种类确定时，c 为常数。这表明对于每种振动强度，存在一个起主导作用的表面变形波长 $\lambda = 2\pi/k$。因此，我们对某个 We 数进行典型的单模态计算，作为原型来说明基本动力就足够了。图 4.1 中说明了二维设置将要使用的计算域。

4.1.3　数值验证

为了验证代码的性能，以便使用上述方法模拟与 Faraday 不稳定性相关的主要动力学，我们将数值结果与线性理论进行了比较，当表面变形与波长相比较小，且其他数值工作条件相同时，线性理论是有效的。

我们首先进行了线性状态计算，然后将其与线性预测进行比较[41]。当施加在表面上的初始扰动较小且参数组合 (X, Y) 位于稳定区域时，表面变形的幅值将保持在较小量级[79]。我们考虑了 $(X = 1, Y = 1.5)$ 且 $y_0 = \lambda$ 的工况，其对应的实际物理条件为：$\rho_{\rm L} = 1\,000$ kg/m³，$\rho_{\rm G} = 20$ kg/m³，$\sigma = 0.072$ N/m，$\Omega = 6.28 \times 10^6$ rad/s（$f = 1$ MHz），$\lambda = 6.71$ μm，$\Delta_0 = 1.07$ μm 和 $\beta = 0.67$，在图 4.6 中用标号 "a" 表示。图 4.7 用空心圆表示在 $x = \lambda/4$ 处计算的表面位移随时间的变化。时间通过振动周期 $T = 2\pi/\Omega$ 归一化，表面位移通过波长 λ 归一化。实线表示方程（4.41）的解，方程通过 4 阶 Runge – Kutta 方法进行数值积分得到。从图 4.7 可以看出，计算结果与线性预测很好地拟合。小偏差来自 CLSVOF 中表面位置的估算误

差，其中在网格大小为 $\lambda/64$ 的网格系统中，将界面隐含定义为空 LS 函数 $\phi = 0$。进一步细化网格尺寸可以减小偏差。

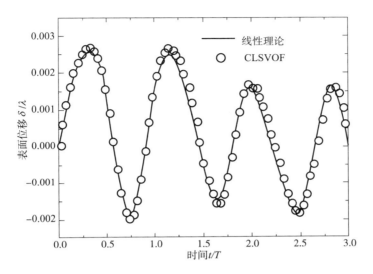

图 4.7　通过 CLSVOF 计算（空心圆）获得的 $x = \lambda/4$ 处的表面位移随时间的变化，与图 4.6 中标记"a"表示的（$X = 1$，$Y = 1.5$）情况下 Mathieu 方程解（实线）的比较

本节的目标是解释液线形成的机理，而这通常伴随着较大的表面变形。因此，需要验证代码在处理大表面变形时的准确性。由于每次计算只考虑一个模态的发展，因此很难与实验结果进行直接比较。我们计算了 $X = 0.88$，$Y = 0.25$ 且 $y_0 = \lambda$ 的工况，并且在图 4.6 中用标记"b"表示。Wright 等[79]也用 vortex-sheet 方法对该过程进行了模拟，区别是他们的振动相位比本书的提前 $3T/4$。我们将模拟结果与他们的结果进行了比较。对应的实际物理条件为 $\rho_L = 1\ 000\ \text{kg/m}^3$，$\rho_G = 20\ \text{kg/m}^3$，$\sigma = 0.072\ \text{N/m}$，$\Omega = 6.28 \times 10^6\ \text{rad/s}$（$f = 1\ \text{MHz}$），$\lambda = 12.19\ \mu\text{m}$，$\Delta_0 = 1.71\ \mu\text{m}$ 及 $\beta = 2.73$。图 4.8（a）给出了 $x = 3\lambda/4$ 处表面位移随时间的变化，最终形成了液线。在两个计算中，表面变形响应均为亚谐波。可以看出如果振动相位如图 4.8（b）所示，CLSVOF 的计算结果与 Wright 等[79]的结果在数量上完全一致。在计算终止附近观察到的偏差是由于破裂发生时涡层模拟数值计算失效所产生的。

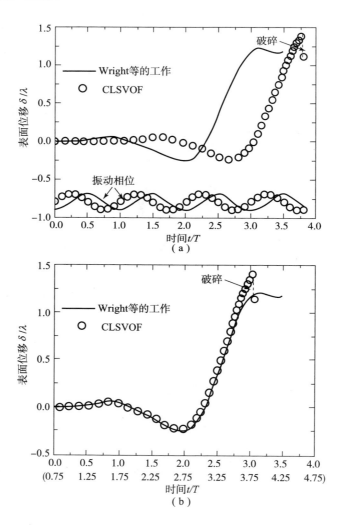

图 4.8 在图 4.6 中用 "b" 标记表示的 $X = 0.88$，$Y = 0.25$ 情况下，通过 CLSVOF 计算获得的 $x = 3\lambda/4$ 处的表面位移随时间的变化（空心圆）与 Wright 的模拟结果[79]（实曲线）对比。图（b）与图（a）相对比，只是改变了振动相位。括号中的标度表示 CLSVOF 计算中的时间

（a）$x = 3\lambda/4$ 处表面位移随时间的变化；（b）改变振动相位后，$x = 3\lambda/4$ 处表面位移

4.1.4　液线形成动力学

尽管过去大多数数值计算都集中在表面变形上，但是详细地研究液相流场以找出液线形成的物理动力学更为重要。超声雾化实验表明，激发的表面波频率为振动频率的一半[74,76]。因此，我们特别关注图 4.6 中在亚谐波失稳条件下出现的典型液线形成过程。作为原型案例，我们考虑了 $X = 0.9$，$Y = 0.3$ 且 $y_0 = \lambda$ 的工况，对应于实际物理条件：$\rho_L = 1\,000$ kg/m^3，$\rho_G = 20$ kg/m^3，$\sigma = 0.072$ N/m，$\Omega = 1.27 \times 10^7$ rad/s（$f = 2$ MHz），$\lambda = 7.20$ μm，$\Delta_0 = 1.04$ μm 和 $\beta = 2.47$。施加在表面上的初始扰动为 $v_s = v_{s0}\sin(kx)$，速度幅值 $v_{s0} = 0.03\Delta_0\Omega$。这种情况与 Donnelly 等[76]的实验条件接近。其中在 $f = 1.95$ MHz 时，所产生的喷雾的平均直径为 2.61 μm（$=(0.35 \pm 0.03)\lambda$）。他们展示了液线形成过程中常见的流动结构。因此，本节主要基于上述原型讨论液线形成的详细动力学。

为方便起见，当方程（4.41）右边的因子（$X\sin\tau - Y$）> 0 时，称为"失稳阶段"，由于正惯性力引起的失稳作用超过了由于毛细作用引起的稳定作用，因此当（$X\sin\tau - Y$）< 0 时称为"稳定阶段"。对于参数 $X = 0.9$，$Y = 0.3$ 的原型情况，失稳阶段是指周期（$0.055 + n$）$T < t <$（$0.445 + n$）T，其中 $n = 0$，1，2，…。

4.1.4.1　表面变形演化过程

图 4.9 显示了在实验室参考系中观察到的不断演变的液体表面形状和液体速度向量。基底由中间位置向上移动的瞬间计算开始，到液线在其尖端破裂时结束（$t = 3.65T$）。在初始阶段，直到 $t = 2.0T$，由 $t = 0$ 处的小表面扰动引起的表面变形增加，但幅度很小，因此表面变形的演化与线性理论一致，如图 4.10 所示，它表示通过线性理论和 CLSVOF 计算获得的 $x = 3\lambda/4$ 处表面位移随时间的变化。

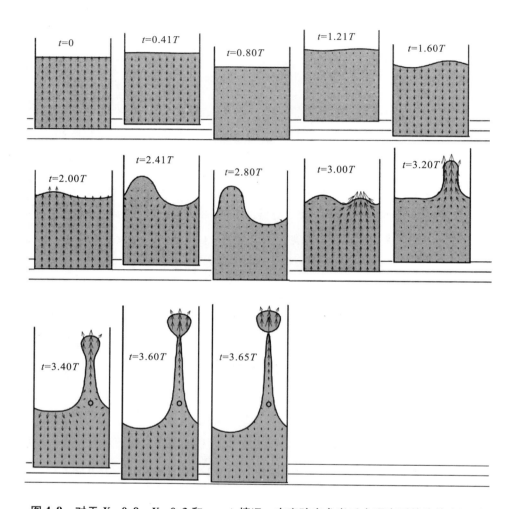

图 4.9 对于 $X=0.9$，$Y=0.3$ 和 $y_0=\lambda$ 情况，在实验室参考系中观察到的液体表面形状随时间的变化和速度向量。灰色区域代表液体，白色区域代表气体。为了清楚起见，每 6 个单元在 x 和 y 方向上都显示了速度向量。在每行图中绘制的 3 条水平线表示振动基底的上限位置、中间位置和下限位置。$t=3.40T$ 之后显示的空心圆表示在实验室参考系中速度为 0 的瞬时静止点

在 $t=2.0T$ 之后，表面变形变大，并且非线性偏离了线性理论的计算结果。与线性预测相比，计算得出的表面位移增加减小且发生延迟（图 4.10）。此外，根据线性理论，随时间的推移，无论振幅多大表面变形的方向持续周期性地交替。然而，在计算中形成了液线，液线裂解成液滴。

破碎的液滴向外移动并且永不回落，因为在实验室参考系中它向外的垂直速度很大，如图 4.9 中的 $t = 3.65T$ 所示。在以下各节中，我们将讨论液线形成过程中的详细动力学，尤其是产生细长自由液线的非线性效应。

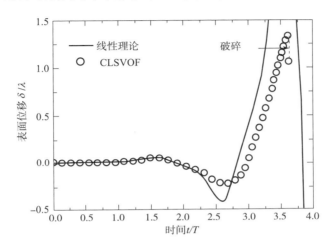

图 4.10　与 $X = 0.9$，$Y = 0.3$ 且 $y_0 = \lambda$ 情况下的 **Mathieu** 方程（实线）的解相比，通过 **CLSVOF** 计算（空心圆）获得的 $x = 3\lambda/4$ 表面位移随时间的变化

4.1.4.2　线性阶段失稳机理

定性地理解线性失稳阶段内液层的动力学是比较容易直观的。考虑该液层具有简单的阶梯状表面形状，如图 4.11 所示。其中波峰和波谷部分沿着基板以 $2\pi/k$ 的波长间隔周期性地重复。当惯性力指向上时（失稳阶段），在相同的高度上，波峰部分中的压力变得比波谷部分中的压力低。该压力差由表面变形而引起，仅存在于近表面区域内。因此，受周期性表面变形影响的区域被限制在距表面 $\sim 1/k$ 的有限距离内。如果液层足够厚（$> 1/k$），则波峰底部的压强（P_R）和波谷最低点的压强（P_L）应该是均匀的，即 $P_R = P_L < 0$。在每个失稳阶段中靠近表面的压力差会引起液体从波谷流向波峰。如果此压力差足够大，足以克服毛细作用力的恢复作用，则表面变形将增大，从而增强了从波谷到波峰的流动。这是线性不稳定性的机制，在表面变形较小的初始阶段占主导地位。

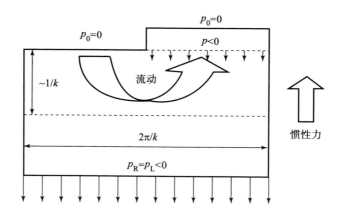

图 4.11　Faraday 波线性不稳定性机理的简单物理模型。表面形状以 $2\pi/k$ 的间隔沿基底周期性变化。箭头代表压强分布

4.1.4.3　液线结构

为研究液线的生成机制，我们必须充分理解从表面形成的液线是非线性效应的结果，可以通过详细研究变形较大的液层的动力学结构来实现。图 4.12 显示了在液体表面发生较大变形的时间段内，沿着波谷中心线和

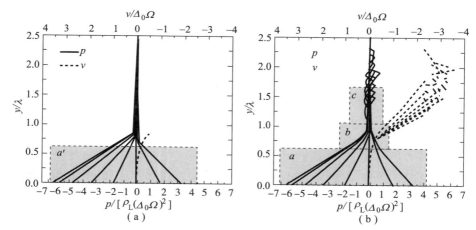

图 4.12　当液面变形较大时，在从 $t=3.25T$ 到 $t=3.60T$ 的时间段内，沿 （a） 波谷中心线和 （b） 波峰中心线的压强和垂直速度分布。将在图 4-8 中显示由虚线矩形包围的压强分布的放大图

（a）沿波谷中心线上的压强和垂直速度分布；（b）沿波峰中心线上的压强和垂直速度分布

波峰中心线的压强和垂直速度分布。考虑到流动结构的差异，我们将波峰部分划分为Ⅰ，Ⅱ和Ⅲ 3 个区域，如图 4.13 所示。在下文中，我们将详细讨论这 3 个区域的动力学。

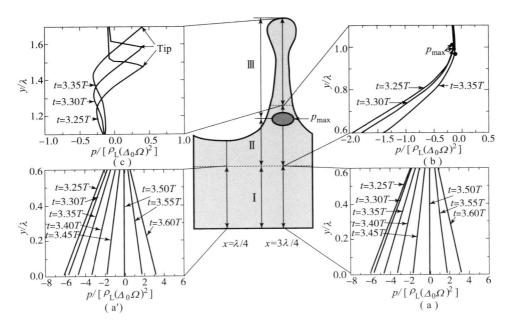

图 4.13　液线结构划分为Ⅰ、Ⅱ和Ⅲ区域，图 4.12 中压强分布放大图。图（a′），（a），（b）和（c）分别对应于图 4.12 中的虚线矩形 a′，a，b 和 c

（a′）Ⅰ区域内波谷中心线上压强分布放大图；　（a）Ⅰ区域内波峰中心线上压强分布放大图；
（b）Ⅱ区域内波峰中心线上压强分布放大图；（c）Ⅲ区域内波峰中心线上压强分布放大图

区域Ⅰ：底部基板附近

对于厚液层情况（$y_0 = \lambda > 1/k$），由于与表面变形相关的流动被限制在距表面的有限距离内，因此在区域Ⅰ中与基底相关的速度较小，应使用线性理论。根据线性理论，垂直速度 y 的关系如下：$v(y) \propto \sinh(ky)$。因此，如果液层足够厚，在基底与表面之间，存在 $v(y)$ 服从指数定律 $v(y) \propto \exp(ky)$ 或 $\lg[v(y)] \propto k\lg e \cdot y$。

图 4.14 描绘了在 $t = 3.00T$、$t = 3.25T$ 和 $t = 3.50T$ 时波峰部分中心线

$x = 3\lambda/4$ 处的垂直速度分布。图 4.14 中的 3 个瞬间都伴随着较大的表面变形。图中横坐标为对数刻度，且绘制了斜率为 $k$lge 的直线以供参考。从图中可以看出，基地附近的数值计算结果与线性预测有效吻合。因此，可以确定的是，即使表面变形很大，只要液层足够厚，在基底上仍然存在一层线性理论占主导的液层。该液层对于液线的形成没有显著影响。然而，随着时间的推移，区域 I 的厚度变薄，这是因为随着波谷表面向下移动，非线性效应扩展到液层的下部造成的。

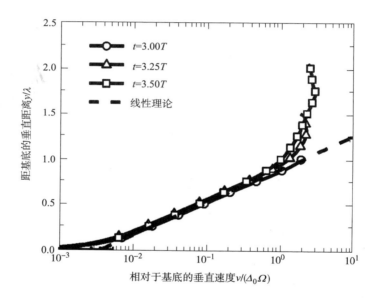

图 4.14　在 3 个瞬间沿波峰中心线相对于基底的垂直速度分布（$x = 3\lambda/4$）。速度是相对于基底的速度。虚线表示从线性理论推导出的指数分布

区域 II：液线根部附近

在区域 II 中，如图 4.13（b）所示，形成了一个局部最大压力点，后面我们将看到，这对于液层表面液线的形成非常重要。本节首先考虑一个较薄的案例（$y_0 = \lambda/4$），它更便于探索液线形成的动力学特性。随后，本节将介绍对厚层情况（$y_0 = \lambda$）的扩展分析。

a. 薄液层情况

在薄液层情况下，基底表面上允许的水平滑移速度的取值与水平表面速度分量的大小相近，我们可以轻松识别出基底上的两个停滞点位置 B 和 C，如图 4.15 所示。这些停滞点位置随时间的变化如图 4.16 所示，表明流线轨迹 ABCDE 的位置在空间中是固定的。

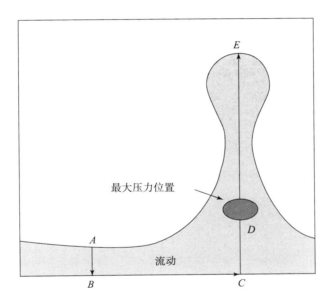

图 4.15　薄液层情况下，流经两个停滞点 **B** 和 **C** 的流线。
流线的位置 **ABCDE** 是固定在空间中的，如图 **4.16** 所示

在点 C 附近，速度可以估计为

$$u = -E(t) \cdot (x - 0.75\lambda), v = E(t) \cdot y \qquad (4.44)$$

其中，$E(t)$ 为应变率。将式（4.44）代入 C 点附近的欧拉方程，得到

$$\rho_{\mathrm{L}}\left(\frac{\mathrm{d}E}{\mathrm{d}t} + E^2\right)y = -\frac{\partial p}{\partial y} + \rho_{\mathrm{L}}A \qquad (4.45)$$

以及

$$\rho_{\mathrm{L}}\left(\frac{\mathrm{d}E}{\mathrm{d}t} + E^2\right)(x - 0.75\lambda) = -\frac{\partial p}{\partial x} \qquad (4.46)$$

其中，$A = \Delta_0 \Omega^2 \sin(\Omega t)$。对 y 的方程（4.45）从点 C 积分得到

$$P(y,t) = p_C(t) + \rho_L Ay - \frac{1}{2}\rho_L\left(\frac{\mathrm{d}E}{\mathrm{d}t} + E^2\right)y^2 \qquad (4.47)$$

式中，$P(y,t)$ 为波峰中心线上的压强；$p_C(t)$ 为停滞点 C 处的压强。

类似地，对 x 的方程进行积分得到

$$p(x,y,t) = P(y,t) - \frac{1}{2}\rho_L\left(E^2 - \frac{\mathrm{d}E}{\mathrm{d}t}\right)(x - 0.75\lambda)^2 \qquad (4.48)$$

因此，点 C 附近的压强为

$$p(x,y,t) = p_C(t) + \rho_L Ay +$$

$$\frac{1}{2}\rho_L\frac{\mathrm{d}E}{\mathrm{d}t}\left[(x - 0.75\lambda)^2 - y^2\right] - \frac{1}{2}\rho_L E^2\left[(x - 0.75\lambda)^2 + y^2\right]$$

$$(4.49)$$

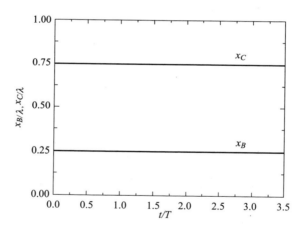

图 4.16 薄液层情况 $y_0 = \lambda/4$ 左侧（B）和右侧（C）停滞点位置随时间的变化

从式（4.49）右边的第三和第四项开始，我们可以区分两种停滞点流，如图 4.17 所示。两种流线是相同的，但是压力分布却完全不同。线性解仅为我们提供了 A 类型的驻点流（如图 4.17（a）所示，称为"线性驻点流"），在线性解中 E^2 的值可以忽略不计。从式（4.49）右侧的第三项获得的等压线是双曲线。在失稳阶段，波峰根部（位于点 C 上方）的压

力降低（降低幅度与波峰高度成正比），会吸入周围的液体并增加波峰高度，升高的波峰高度进一步降低波峰根部的压力。这是导致 4.1.4.2 节中讨论的线性不稳定性的机制，该机制在波峰发展的早期占主导地位。

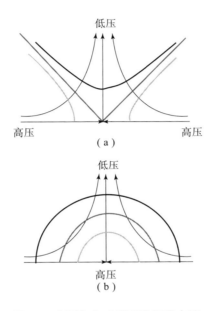

图 4.17　图 4.15 中围绕点 _C_ 的两种停滞点流

（a）线性停滞点流；（b）非线性停滞点流

箭头线表示的流线在两种类型中都是相同的，但是等压线在

（a）中是双曲线而在（b）中是同心圆

但是，当流速的大小增加时，非线性效应（方程（4.45）和方程（4.46）中的对流项的作用）不可忽略。然后，类型 B 的停滞点流（在图 4.17（b）中示出并且称为"非线性停滞点流"）逐渐占据优势。结果，波峰根部的压力趋于增加并抑制了抽吸作用，将线性状态下波峰高度随时间变化呈指数增加变为非线性状态下波峰高度随时间变化几乎呈线性增加，如图 4.10 所示。液线形成的根本机理与由 B 类型的停滞点流动引起的压力增加息息相关，这将在后面进行讨论。

$x = 0.75\lambda$ 处，方程（4.49）可以写作

$$p(x,y,t)\big|_{x=0.75\lambda} = p_C(t) + \rho_L A y - \frac{1}{2}\rho_L\left(E^2 + \frac{dE}{dt}\right)y^2 \qquad (4.50)$$

沿波峰中心线，压强梯度 $\partial p/\partial y$ 由下式给出：

$$\frac{\partial p(x,y,t)}{\partial y}\bigg|_{x=0.75\lambda} = \rho_L A - \rho_L\left(E^2 + \frac{dE}{dt}\right)y \qquad (4.51)$$

图 4.18 显示了在失稳阶段内从 $t=3.055T$ 到 $t=3.445T$ 内 dE/dt 和 E^2 随时间的变化。从图 4.18 中可以看到，一旦 g' 和 $(E^2 + dE/dt)$ 都为正，会出现一个压力为最大值的 y_D 位置（对应于图 4.15 中的点 D）。y_D 由下式给出：

$$y_D = \frac{A}{E^2 + \dfrac{dE}{dt}} \qquad (4.52)$$

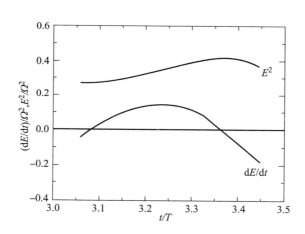

图 4.18　在失稳阶段内，从 $t=3.055T$ 到 $t=3.445T$ 内 E^2 和 dE/dt 随时间的变化

在失稳阶段的初期，由于 dE/dt 和 E^2 值较小，由方程（4.52）计算出的 y_D 值大于波峰高度。因此，该局部最大压力位置在失稳阶段的早期不会出现。当 y_D 小于波峰高度时，可以观察到最大压力位置。图 4.19 将由式（4.52）求出的 y_D 值与最大压力位置出现后的模拟结果进行比较，表明它们之间具有良好的一致性。

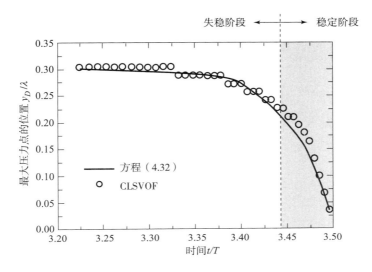

图 4.19　由式（4.52）求出的 y_D 值与最大压力位置出现后的模拟结果比较。灰色区域中最大压力位置的存在表明，液线在下一个稳定阶段的早期阶段持续发育

在波峰根处出现的局部最大压力位置表明该处的压强梯度（$\partial p / \partial y = 0$）消失。这意味着在实验室参考系中点 D 和尖端之间的液体动力学上会不受基底运动的影响。换句话说，自由化的（freed）液体区域可能有机会在下一稳定阶段从液层的变形回复运动中释放出来，并且表现出与线性理论所描述的波峰增长完全不同的行为：在线性理论中，不会形成这样一个自由化的区域，并且波峰总是会恢复到原来的状态。随着时间的推移，最大压力位置向下移动（图 4.19），并且通过最大压力位置，进入自由区域的新液体微元将进一步扩大自由化的液体区域，并形成细长的液线。这描述了液线形成的基本特征，并定义了随着局部最大压力位置的出现液线形成的必要条件。

b. 厚液层情况

在厚液层情况下，与基底重合的流线无法用于表征 Faraday 波流动，因为它位于液体流动与表面变形实际相关的区域之外。但是，与薄液层情况类似，可以进行如下论证。

图 4.20 表示了沿着波峰中心线的速度梯度 $\partial v / \partial y$ 和压力的分布。可以

看出，在波峰根部周围的 $y_V(t)$ 位置处速度梯度最大，由于从两侧流入的液体的碰撞，该位置压力可以大幅提高。这种压力增大可以通过以下方式证明。我们将 $t = 3.40T$ 时刻获得的数值数据设置为初始条件，但惯性力设置为零。经过一个时间步长，获得如图 4.21 所示的压力分布，该压力分布不包括惯性力的影响，并且完全由该瞬间的瞬时液体流动决定。显然，在波峰根部的压力增大是由撞击流引起的，该撞击流对对流项有重大贡献。

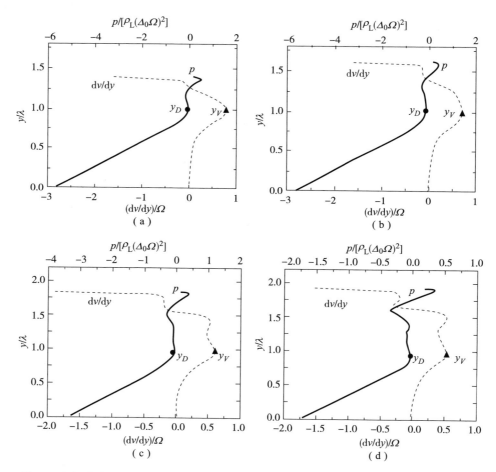

图 4.20 沿波峰中心线的速度梯度 $\partial v/\partial y$（虚线）和压力（实线）的分布。最大压力位置 y_D 始终靠近最大速度梯度位置 y_V

（a） $t = 3.20T$；（b） $t = 3.30T$；（c） $t = 3.40T$；（d） $t = 3.45T$

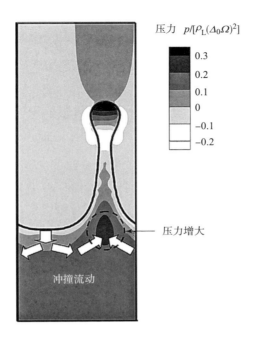

压力　$p/[\rho_{\mathrm{L}}(\Delta_0\Omega)^2]$

压力增大

冲撞流动

图 4.21　由瞬时流动引起的压力分布。该图是通过人工计算获得的，用于解释波峰根部处（虚线圆）的压力增大是由来自相邻波谷部分的撞击流（白色箭头）引起的

从图 4.20 中可以看到，最大压力始终位于 $y_{\mathrm{V}}(t)$ 附近处。使用连续性方程，$x = 0.75\lambda$ 附近的水平速度可以表示为

$$u(x, y, t) = -\left.\frac{\partial v}{\partial y}\right|_{x = 0.75\lambda} (x - 0.75\lambda) \tag{4.53}$$

此外，在 $\partial v/\partial y$ 最大值 $y_{\mathrm{V}}(t)$ 的附近，垂直速度梯度和速度分别表示为 $E(t) = \partial v/\partial y|_{x = 0.75\lambda, y = y_{\mathrm{V}}(t)}$ 和 $v = v_Y + E \cdot (y - y_V)$。然后类似于式（4.49）的推导，我们可以推导 $y_V(t)$ 周围的压强表达式为

$$p(x, y, t) = p_Y(t) + \rho_{\mathrm{L}}(y - y_V)\left[A - \left(\frac{\mathrm{d}v_Y}{\mathrm{d}t} - E\frac{\mathrm{d}y_V}{\mathrm{d}t} + Ev_Y\right)\right] +$$

$$\frac{1}{2}\rho_{\mathrm{L}}\frac{\mathrm{d}E}{\mathrm{d}t}\left[(x - 0.75\lambda)^2 - (y - y_V)^2\right] -$$

$$\frac{1}{2}\rho_{\mathrm{L}}E^2\left[(x - 0.75\lambda)^2 + (y - y_V)^2\right] \tag{4.54}$$

其中，$p_Y(t) = p|_{x=0.75\lambda, y=y_v(t)}$。

方程（4.54）与式（4.49）相比有所不同，方程（4.54）在等式右边添加了第二项。最大压力的位置可以表示为

$$y_D = \frac{A - \left(\dfrac{\mathrm{d}v_Y}{\mathrm{d}t} - E\dfrac{\mathrm{d}y_V}{\mathrm{d}t} + Ev_Y\right)}{E^2 + \dfrac{\mathrm{d}E}{\mathrm{d}t}} + y_V \tag{4.55}$$

考虑到自由液线是由两侧高速流动的液体碰撞形成的，此处描述的物理原理可能与 Josserand 和 Zaleski[139] 处理的飞溅问题类似，到目前为止他们的问题中没有提及从碰撞的液体区域输送液膜的详细思考。

区域Ⅲ：自由液线区域

对于厚液层案例（$y_0 = \lambda$），如图 4.22 所示，通过表示出在实验室参考系（v_a）中观察到的沿波峰中心线的垂直速度分布，可以更容易地理解局部最大压力位置（区域Ⅲ）上方液线区域的详细发展，其中横坐标 y 代表在振动开始之前从基底位置测得的距离。液线根部处局部最大压力的瞬时位置由每条曲线上的实心圆表示。因此，从基底动力释放的液线是圆右侧的区域。最大压力位置在 $t = 3.20T$ 出现并向下移动，且在 $t = 3.50T$ 之后消失。

实验室参考系中在最大压力位置上的所有液线的液体微元均保持其垂直速度。例如，在图 4.9 中用空心圆表示的 $v_a = 0$ 固定点在 $t = 3.40T$ 之后保持固定的位置（见图 4.9 或图 4.22）。这是因为，对于厚度与长度之比较小的自由液线，除液线尖端处表面张力对收缩的有显著影响外，液线其余位置处的压力会减小到与周围气体压力相等的均匀值 [$\partial p/\partial y \cong 0$，见图 4.13（c）]。由于液线上部液体微元的运动快于液线下部液体元素，随着时间的推移，液线上部比液线下部细。结果，自由液线呈向上变窄的准梯形形状。值得注意的是，沿着自由液体区域（尖端部分除外）的垂直速度近似线性增加，如图 4.22 中的虚线所示。垂直速度的斜率 $\partial v/\partial y$ 随时间减小。站在速度消失的位置，液线形成过程可以通过下面解释的简单模型来描述。

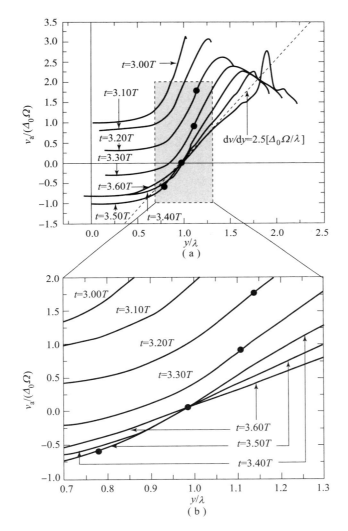

图 4.22　在 $t = 3.00T$ 至 $t = 3.60T$ 的时间段内，实验室参考系观察到的沿波峰中心线（$x = 3\lambda/4$）的垂直速度分布的时间变化，在此期间形成液线。横坐标 y 表示距基底表面初始位置的距离。为清楚起见，图（a）中的灰色区域如图（b）所示被放大。实心圆指示每个时刻的最大压力位置，该最大压力位置随着时间的推移而向下移动，并在 $t = 3.50T$ 之后消失。自由液线区域中的垂直速度可以使用一条虚线近似，该虚线的斜率随时间减小

图 4.23 是在实验室参考系中观察到的液线形成模型的示意图，该模

型可以被认为是固定点 $y = \psi$ 上（即图4.23 中 $y' = 0$）但不包括液线尖端的液体区域的近似。上层液团以一个不同的垂直速度沿垂直轴 y 向上移动而没有任何外力作用。固定点的垂直速度为零，而该区域顶部的速度为 $v_t = \mathrm{d}h(t)/\mathrm{d}t = \mathrm{const}$，其中 $h(t)$ 是固定点到顶部的高度。$h(t)$ 可用 $h(t) = h_0 + v_t t$ 表示，其中 h_0 是液团的初始高度。由于 v_a 每次都从 $y' = 0$ 处的 0 逐渐变到 $y' = h(t)$ 处的 v_t，因此，我们假定 $\partial v_a / \partial y = v_t/h(t)$ 与图4.22 中的观察结果一致，自由液线部分中的垂直速度由具有随时间减小的斜率的直线近似。然后，将连续性方程应用于整个区域 $0 < y' < h(t)$ 得出 $\mathrm{d}b_1/\mathrm{d}t = -b_1 v_t/h$，$\mathrm{d}a_1/\mathrm{d}t = -a_1 v_t/h$，即 $b_1 = b_0 h_0/(h_0 + v_t t) = b_0 h_0/h$ 和 $a_1 = a_0 h_0/(h_0 + v_t t) = a_0 h_0/h$，使得液线的准梯形形状的面积保持不变：$(a_1 + b_1)h = (a_0 + b_0)h_0$。液线厚度分布沿中心线的梯度表示为

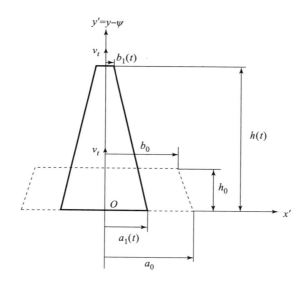

图4.23　自由液线发展的模型。初始形状表示为虚线。底部对应于固定点（$v_a = 0$），如图4.9 中的空心圆所示

$$\frac{b_1 - a_1}{h} = \frac{(b_0 - a_0)h_0}{(h_0 + v_t t)^2} \tag{4.56}$$

根据假设 $b_0 < a_0$，这意味着自由液线的左右表面趋于向中心移动，从而导致细长的液线。

在三维情况下，由于周向表面张力的存在，液线行为出现了显著差异。但是，由围绕液线中心线的轴对称流形成的自由液线的形成机理与二维情况相同。下一节我们将对三维 Faraday 不稳定性下液线的形成过程及机理进行详细分析。

4.2　三维 Faraday 单模态不稳定性液线形成机理

本节重点关注三维条件下的单模态 Faraday 不稳定性[40]。Umemura 和 Shinjo[140]的研究表明，在湍流雾化中，旋涡导致的局部破碎过程是由 Faraday 不稳定性引起的，其中湍流旋涡与周期性外部振动起着相同的作用。与其他雾化形式一样，高度非线性的振动引发的液线形成机理目前尚未得到充分认识。从 4.1 节单模态 Faraday 不稳定性的二维仿真模拟中可以看到，液线的发展似乎和喷嘴发出的低速液体射流发展相似。这为液体射流雾化理论应用于振动诱导的雾化过程提供了可能，而目前将这两种雾化方案联系起来的工作仍然比较有限。本节开展了三维数值模拟，以进一步研究 Faraday 不稳定性导致液线形成和破碎相关的详细非线性动力学过程。

4.2.1　数值计算方法

4.2.1.1　物理模型

在本研究中，为突出惯性力和毛细力之间的相互作用，同样不考虑流体的黏性作用。在 Faraday 不稳定性作用下具有表面张力的两互不相溶流体的不可压缩流动守恒方程为

$$\partial t\rho + \nabla \cdot (\rho u) = 0 \tag{4.57}$$

$$\rho(\partial tu + u \cdot \nabla u) = -\nabla p + \rho\Delta_0\Omega^2\sin(\Omega t)j + \sigma\kappa\delta_s n \tag{4.58}$$

$$\nabla \cdot \boldsymbol{u} = 0 \qquad (4.59)$$

式中，$\boldsymbol{u} = (u, v, w)$ 为速度向量（其竖直分量 v 相对于振动基底）；p 为压力；$\rho(\boldsymbol{x}, t)$ 为密度。

方程（4.58）等号右边的第二项表示在竖直方向 $\boldsymbol{j}$ 上的振动，其振幅和角频率分别为 Δ_0 和 Ω。使用连续表面力[141,142]结合高度函数曲率计算获得表面张力[143,144]。相应地，函数 δ_s 表示表面张力系数 σ 集中在界面处，界面曲率用 κ 表示，$\boldsymbol{n}$ 是垂直于界面向外的单位向量。

引入流体体积（volume of fraction，VOF）函数 $c(\boldsymbol{x}, t)$ 来追踪两相界面并使用对流方程进行计算：

$$\partial tc + \nabla \cdot (c\boldsymbol{u}) = 0 \qquad (4.60)$$

其中，c 为体积分数，$c = 0$ 和 $c = 1$ 分别代表气相和液相，$0 < c < 1$ 表示气–液界面。因此密度可以通过 $\rho(c) = c\rho_L + (1 - c)\rho_G$ 定义，下标"L"和"G"分别代表液体和气体属性。对于密度/体积分数和压力的交错时间离散构成二阶精度的时间格式[145]，采用经典投影方法[146]，该方法需要求解 Poisson 方程。为了提高计算效率和稳定性，将离散动量方程重构为 Helmholtz 型方程，这样可以通过改进后的多级 Poisson 求解器进行求解[145]。通过在三维空间进行分级八叉树划分实现空间离散。所有变量都布置在网格单元中心，并取每个单元体积平均值。为了求解对流方程的体积分数，采用了四/八叉树空间离散的分段线性几何 VOF 格式。此外，通过耦合表面张力离散（balanced – force surface – tension discretization）和高度函数曲率计算（a height – function curvature estimation），以精确地捕捉表面张力驱动流。本研究使用开源代码 Gerris 进行计算[145,147]。

计算域和物理边界如图 4.24 所示。针对波长 λ 的单模态计算，计算域的高度为 5λ，矩形截面为 $\lambda \times \lambda$。侧壁为周期性边界，底部和顶部边界分别为滑移壁面和自由流出边界条件。通常，与液线形成相关的主要动力学仅限于界面附近 $1/k$ 的深度，因此将液层深度设置为 1.5λ，以允许产生足够大的表面变形[96]。为诱发 Faraday 不稳定性，在界面上施加初始位移

扰动 $\varepsilon_0 \cos(kx)\cos(kz)$ ，如图 4.24 所示。坐标系原点位于对称轴上，初始界面位于底面上方 1.5λ 处。

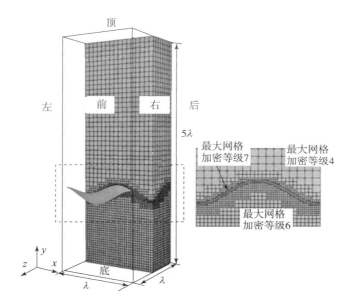

图 4.24　三维模拟的计算域和数值设置

为了一般性理解，将坐标 (x,y,z) 通过波长 $\lambda = 2\pi/k$ 进行归一化，将时间 t 通过振动频率 $f = \Omega/2\pi$ 进行归一化，即 $(\hat{x},\hat{y},\hat{z}) = (x,y,z)/\lambda$ 和 $\hat{t} = tf$ 。由于惯性力 $\rho\Delta_0\Omega^2\sin(\Omega t)$ 引起的速度场取决于振动位移幅值 Δ_0 以及特征时间尺度 Ω ，在本节随后的内容中使用无量纲速度 $\hat{\boldsymbol{u}} = \boldsymbol{u}/(\Delta_0\Omega)$ 和无量纲压力 $\hat{p} = p/(\rho_L\Delta_0^2\Omega^2)$ 。

在本研究中，整个计算域由在 y 方向上顺序排列的 5 个长度为 λ 的子计算域组成。为了准确捕捉液线形成与破碎的多尺度问题，将计算域划分为 3 个物理区域：气态介质、液态介质和界面。每个区域都具有各自的网格分辨率，由 N 表示，对应于网格大小 $\lambda/2^N$ 。相应地，使用集合（N_G，N_L，N_i）指定 3 个区域中的加密水平。具有网格加密（4，6，7）的典型三维模拟会在整个域中产生 726 115 个网格单元。对于加密级别为 7 的均匀网格，这相当于大约 10^8 个网格单元。对于具有网格自适应的模拟，在 32 核 Intel Xeon（R）Gold－5115 处理器上计算 $\hat{t} = 4.0$ 无量纲时长大约需要 120 h。

4.2.1.2 模型验证

为了验证当前的数值设置，将本书的计算结果与 Jiang 等的两个实验[148]和 Wright 等的二维涡面模拟结果[149]分别进行了比较。在 Jiang 等的实验中，考虑了重力和黏性阻尼，因此动量方程扩展为

$$\rho(\partial t\boldsymbol{u} + \boldsymbol{u} \cdot \nabla\boldsymbol{u}) = -\nabla p + [\rho\Delta_0\Omega^2\sin(\Omega t) - g]\boldsymbol{j} + \sigma\kappa\delta_s\boldsymbol{n} - 2\beta\boldsymbol{u}$$

$$(4.61)$$

对于亚谐波模态，相应的物理参数为 $\rho_L = 1\,000$ kg/m^3，$\rho_G = 1$ kg/m^3，$\sigma = 0.072$ N/m，$\Omega = 20.55$ rad/s，$\lambda = 600$ mm，$g = 9.81$ m/s^2 以及 $\Delta_0 = 2.65$ mm。通过遵循实验测量将阻尼率 β 设置为 0.05 s^{-1}。应当注意的是，实验是在 600 mm×60 mm×483 mm 的狭窄矩形水槽中进行的，操作水深约为 300 mm。由于较大的长宽比（10:1），在实验过程中，波动场维持在二维水平上。因此，在当前模拟中使用网格加密组合（4，6，7）进行二维模拟。如图 4.25 所示，在初始阶段，模拟显示波峰处略有超调，而波谷处的实验数据则很好地吻合。由于初始瞬态在 $t = 2$ s 之后消失，因此当前模拟与实验结果之间取得了很好的一致性。

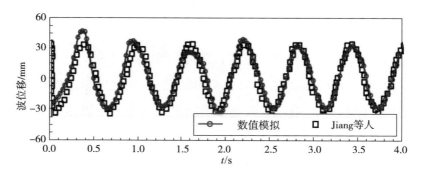

图 4.25　当前模拟界面表面位移随时间的变化情况与 Jiang 等实验结果的对比[148]

为了进一步验证当前的模拟，将本书的计算结果与 Wright 等的二维涡旋面计算进行了比较[149]。对应的物理参数为：$\rho_L = 1\ 000\ \text{kg/m}^3$，$\rho_G = 1\ \text{kg/m}^3$，$\sigma = 0.072\ \text{N/m}$，$\Omega = 0.267\ 28\ \text{rad/s}$，$\lambda = 1.0\ \text{m}$ 以及 $\Delta_0 = 0.140\ \text{m}$。该模拟不考虑重力和黏性阻尼，其方程与方程（4.58）的形式完全相同。两种界面之间的初始扰动为 $\varepsilon_0 \cos(k\hat{x})$，其中 $\varepsilon_0 = 0.01$。

图 4.26 展示了液线最终形成的位置，即 $\hat{x} = 0$ 处的表面位移随时间的变化。表面变形为亚谐波模态，并且总体趋势与 Wright 等的结果一致。此外，使用 3 个网格加密组合（4，5，6），（4，6，7）和（4，7，8）进行了网格收敛性分析。由图 4.26 可以看出，随着网格分辨率的提高，当前模拟与 Wright 等的计算之间的差异有所减少。由最大网格加密等级 7 和 8 预测的最大位移之间的相对误差在 4% 以内。由于在三维模拟中将使用相似的无量纲特征参数，因此在随后的模拟中将采用网格细化级别（4，6，7）以保证数值精度和计算代价之间的平衡。

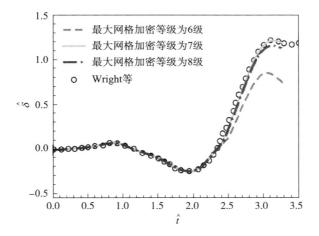

图 4.26　不同最大网格加密级别下得到的 $\hat{x} = 0$ 处的表面
位移的时间演化与 Wright 等结果的比较[149]

4.2.2　表面变形演化过程

本节将重点关注液体表面上的液线形成和外部振动引起的破碎有关的非线性动力学。尽管 Benjamin 和 Ursell[41] 讨论的表面响应随振动条件的变化而变化，但是实际情况下液体表面振动的亚谐波（subharmonic）响应更为常见，也是本节研究的重点。由外部振动引起的无黏性流体的界面不稳定性通过两个无量纲参数来表征：$X = k\Delta_0$ 和 $Y = \sigma k^3 / \rho_L \Omega^2$。在当前的研究中，我们主要考虑 $X = 0.88$，$Y = 0.25$ 情况，对应于实际条件 $\rho_L = 1\,000$ kg/m^3，$\rho_G = 1$ kg/m^3，$\sigma = 0.072$ N/m，$\Omega = 6.28 \times 10^3$ rad/s，$\lambda = 1.219$ mm 和 $\Delta_0 = 0.171$ mm，以说明基本的液线演化和液滴生成机制。当前的 X 和 Y 组合将导致较大的表面变形和亚谐波表面振荡响应。此外，本节还模拟了其他不同 X 和 Y 组合的情况，其结果也将在相应的讨论中进行说明。

图 4.27 描述了液体表面和液相速度场随时间的变化。初始时，在表面上施加振幅为 $\varepsilon_0 = \lambda/10$ 的余弦形式的变形（$\varepsilon_0 \cos(kx)\cos(kz)$）作为位移扰动，整个系统处于静止状态。很明显可以看到，表面变形以外加激励频率的 1/2 进行振荡。由于初始变形位移相对较大，表面变形很快进入非线性发展阶段。根据 4.1 节的研究，当表面变形振幅超过 0.1λ（本研究中初始扰动的振幅）时，非线性动力学占主导。因此，两相界面变形迅速失去其初始余弦曲线形状。

基于 4.1 节采用的处理方式，将一个外部振动周期划分为两个阶段：$X\sin(2\pi\hat{t}) - Y > 0$ 时为不稳定阶段，$X\sin(2\pi\hat{t}) - Y \leqslant 0$ 时为稳定阶段，这是根据 Mathieu 方程中表面位移振幅随时间的增长率是否为正来进行区分的[41]。基于当前的参数组合（$X = 0.88$，$Y = 0.25$），不稳定阶段发生在 $(0.046 + n) < \hat{t} < (0.454 + n)$，其中，$n = 0,1,2,\cdots$，这在图 4.28 中通过灰色区域进行了显示，图 4.28 给出了沿 y 轴中心线上表面位移随时间的变化历程。

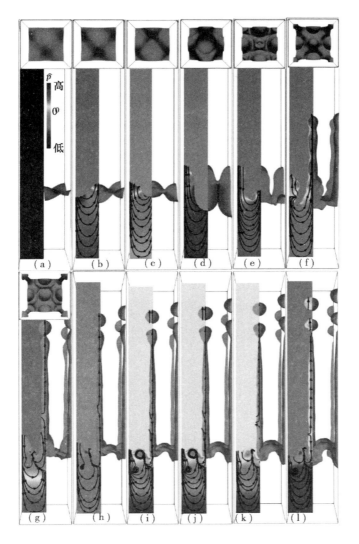

图 4.27　在 z 方向中心平面上压力云图和流线（每个子图的左半部分）（速度向量的垂直分量是相对于基底的）及两相界面变形随时间的变化（每个子图的右半部分）

（a）$\hat{t} = 0.00$；（b）$\hat{t} = 0.50$；（c）$\hat{t} = 1.00$；（d）$\hat{t} = 1.50$；（e）$\hat{t} = 2.00$；（f）$\hat{t} = 2.50$；（g）$\hat{t} = 2.90$；（h）$\hat{t} = 3.00$；（i）$\hat{t} = 3.05$；（j）$\hat{t} = 3.10$；（k）$\hat{t} = 3.15$；（l）$\hat{t} = 3.20$

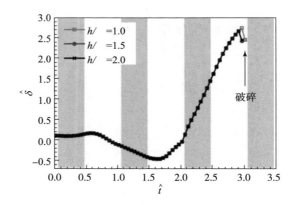

图 4.28 波峰中心线上（$x=0$，$z=0$）沿 y 轴方向，尖端表面变形随时间的变化。灰色区域代表不稳定阶段

从图 4.28 中可以看到，在第一个不稳定阶段表面位移振幅略有增长并且在第二个不稳定阶段中表面位移振幅增长加快。这种情况下由于大的初始扰动和相对剧烈的外部振动，波峰位移快速增长并在第三个不稳定阶段形成液线。由于惯性力，表面位移在 $\hat{t}=2.454$ 之后持续增长。如图 4.27（f）所示，形成液线时，表面张力的收缩效应使得液线尖端变为球形，并在液线表面形成毛细波。当液线继续伸长时，液线上的第一个颈部（neck）被夹断，在大约 $\hat{t}=2.95$ 时发生第一次破碎。破碎发生之后，液线形成了一个新的球形尖端，如图 4.27（h）~（l）所示，接着第二个颈部继续变细，继而在 $\hat{t}=3.2$ 时产生下一次破碎。

除了液线生长的前部以外，与底部液层相连的液线根部区域也表现出有趣的现象。图 4.27（g）~（l）显示随着时间的推移，液线根部从向上收缩的柱状体演变成直圆柱体。因此，曲率及其所产生的毛细压力均增大。这些变化导致液线从底部液层本体分离，形成分离的液线。这与通过二维模拟获得的结果不同，在二维模拟中，液线在形成过程中会一直保持向上收缩的形状。液线形成和破碎的详细动力学和机理将在后续内容中讨论。

4.2.3　液线形成机理

液线是在受到外部竖直振动的作用下从液层产生液滴的过渡阶段。液线的形成与非线性动力学相关。本节基于详细的压力和速度场信息，阐述了初始表面波峰如何发展形成细长液线的动力学过程。

图 4.29 给出了在第三个不稳定阶段表面波峰随时间的变化过程，采用了更精细的时间间隔来显示。为了确定非线性效应如何将凸出的波峰变为细长液线，我们需要仔细研究变形表面的动力学特征。该阶段沿波峰中心线（$x=0$，$z=0$）竖直方向速度和压力分布分别如图 4.30 和图 4.31 所示，可以根据这些信息将整个液体区域划分为具有不同流动特性的 3 个子区域。

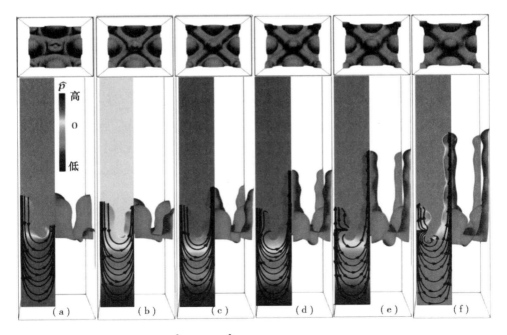

图 4.29　第三个不稳定阶段 $\hat{t}=2.0$ 到 $\hat{t}=2.5$ 内液线形成过程表面波峰随时间的变化

（a）$\hat{t}=2.0$；（b）$\hat{t}=2.1$；（c）$\hat{t}=2.2$；（d）$\hat{t}=2.3$；（e）$\hat{t}=2.4$；（f）$\hat{t}=2.5$

图 4.30 显示在远离两相界面处，竖直方向相对基底的速度几乎为零，这表明液体在该区域中的运动与基底的运动同步。这是因为表面变形只会影响表面内侧约 $1/k$ 的有限深度[96]。远离表面的区域中的压力在相同高度上分布几乎相同，如图 4.31 所示，不同时刻的竖直方向压力梯度（$\partial p/\partial y$）与外部振动加速度（图 4.31 中的粗灰色线）一致。因此，远离液体表面的近似滞止流对液线形成的影响可以忽略。

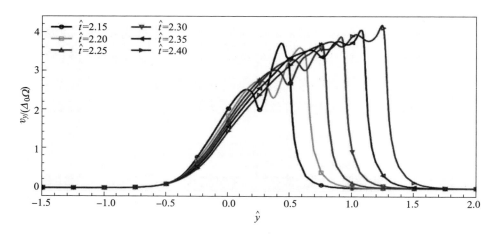

图 4.30 液线发展过程中，沿波峰中心线上（$x=0$, $z=0$）相对于基底的垂直速度分布

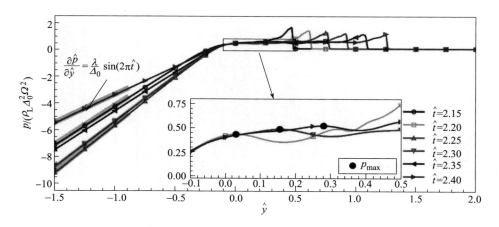

图 4.31 液线发展过程中沿波峰中心线上（$x=0$, $z=0$）的压力分布。底部区域中的粗灰线表示无量纲外部加速度

在靠近两相界面的区域中，最重要的动力学特征是局部最大压力点的出现，这是由非线性效应导致的。如图 4.29 所示，来自波谷部分的水平流动在波峰的根部发生碰撞，使波峰根部压力增大。这种压力增大阻碍液体流入波峰增加波峰的体积，进而阻碍了波峰高度的发展。这与线性状态下的流动结构不同，在线性状态下，波峰根部的压力随着波峰高度的增加而降低，并因此从相邻的波谷部位吸入液体进一步提高波峰高度。压力增大的另一作用是形成局部最大压力点，图 4.31 的插图中用黑色实心圆进行了标识。在形成局部最大压力点之后，其上方的波峰部分自由伸长以形成细长液线。

从图 4.31 可以看出，液线中压力梯度（$\partial p / \partial y$）接近于零，并且除尖端区域外其他部位压力非常小。也就是说，局部最大压力点上方的液体流动不受底部振动的影响。进入液线区域的液体会在最大压力点处从底部的振动束缚中"解放"，并在实验室坐标系中保持其速度不变。随着高度（长度）的增加自由液线持续发展，直到由于界面不稳定性而在尖端发生破碎，破碎过程将在 4.2.4 节进行讨论。

4.2.4　液滴形成机理

细长液线形成后，由于表面形成的毛细不稳定性，液线最终会因破碎而产生多个液滴。本节将阐述毛细波的特征以及液线破碎和液滴形成的机理。

如图 4.32 所示，液线的第一次破碎发生在 $\hat{t} = 2.5$ 到 $\hat{t} = 3.0$ 这个阶段，相关的压力和速度分布分别以压力云图和速度向量形式呈现。一方面，由于从底部液层到液线区域连续的液体流动，液线被拉长。另一方面，由于液线尖端收缩而产生的毛细波沿液线向上游传播（与液线生长方向相反）。毛细波是一种色散波，其相速度与波长成反比。因此，波长较短的毛细波会迅速向液线根部传播。在当前的计算参数下，毛细波达到

3.64 a 的准稳态波长（$a \approx 0.1\lambda$ 是液线的平均半径），其振幅逐渐增大，直到在第一个颈部位置处破碎。

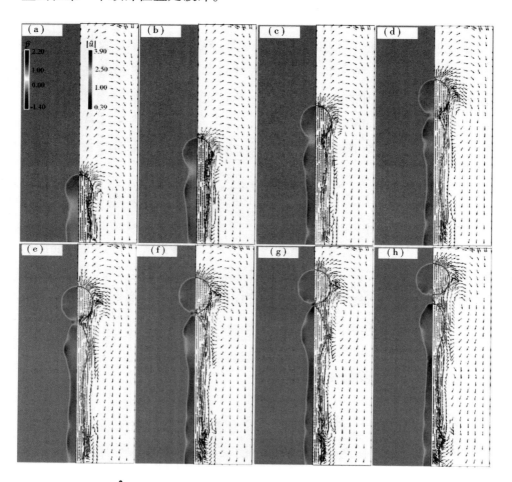

图 4.32　在 $2.5 \leqslant \hat{t} \leqslant 3.0$ 期间第一个液滴的形成。（a）–（d）表示的时间范围为 2.50 ~ 2.80，时间间隔为 0.1。（e）–（h）表示时间范围为 2.85 ~ 3.00，时间间隔为 0.05。左半部分显示压力云图，右半部分显示速度向量

（a）$\hat{t} = 2.5$；（b）$\hat{t} = 2.6$；（c）$\hat{t} = 2.7$；（d）$\hat{t} = 2.8$；（e）$\hat{t} = 2.85$；（f）$\hat{t} = 2.90$；（g）$\hat{t} = 2.95$；（h）$\hat{t} = 3.00$

　　毛细波在液线上的这种准稳态行为类似于半径为 a 自由液线的发展。Umemura[150,151] 使用了一个简化的一维模型（图 4.33）得出，Umemura 推

导的理论公式和解详见本章附录 A 和附录 B。根据附录 A 尖端收缩速度中的理论，在微重力条件下达到稳定状态后，液线尖端会以恒定速度 $U = \sqrt{\sigma/\rho a}$ 收缩，并产生一个向上游稳定传播的毛细波，其波长为 $\Lambda = \dfrac{2\pi}{\sqrt{3}}a \approx 3.63a$。这与 $X = 0.88$，$Y = 0.25$ 的模拟结果 $3.64a$ 较为一致。

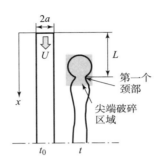

图 4.33　液线尖端收缩和毛细波发展的一维模型

除上述模拟工况外，本节还开展了其他具有不同参数组合的模拟，以研究其对液线发展特性的影响。这些情况下所得的准稳态毛细波长如表 4.1 所示。结果表明，尽管液线半径和毛细波长随参数组合的不同而变化，但毛细波长与液线半径的比值 Λ/a 变化相对较小。Λ/a 值与微重力条件下得出的 3.63（附录 B）[151] 之间的偏差是由 Faraday 不稳定性中作用于液线发展的周期性加速度引起的。该时间周期加速度会影响液线的尖端收缩动力学过程，并进一步影响毛细波行为。

表 4.1　用于模拟的不同参数组合

参数设置	a	Λ	D
（$X = 0.80$，$Y = 0.25$）	0.135λ	$3.73a$	0.328λ
（$X = 0.86$，$Y = 0.25$）	0.091λ	$3.56a$	0.336λ
（$X = 0.88$，$Y = 0.25$）	0.100λ	$3.64a$	0.320λ
（$X = 0.92$，$Y = 0.25$）	0.106λ	$3.57a$	0.375λ
（$X = 0.86$，$Y = 0.22$）	0.089λ	$3.33a$	0.322λ

在附着于振动基底的坐标系内，Faraday 不稳定性导致液线形成的动力学过程可以与时间周期加速度作用下孔口发出的液体射流的演化过程进行类比。Umemura 等[152,153]研究了正常重力作用下竖直向下水射流的破碎过程，并进行了理论推导以描述尖端收缩和射流破碎的动力学过程。基于他们的理论框架[152]，本书将时间周期加速度下尖端收缩行为进行处理。本章附录 C 中，式（C‑7）等号右侧的" + "和" – "分别代表尖端向上游收缩和向下游扩展。

图 4.34 给出了由本章附录 C 式（C‑7）计算得到的液体射流尖端收缩速度结果与 $\gamma_0 = 0.5$ 和 $\tilde{\Omega} = 1$（γ_0 和 $\tilde{\Omega}$ 在附录 C 中进行了定义）的相同条件下三维数值模拟结果之间的对比。可以看到在一个短暂的过渡时间 $\tilde{t} \sim O(1)$ 之后，在数值大小上由式（C‑7）计算出的尖端收缩速度随时间的变化趋势与三维模拟结果的变化趋势相吻合，这就验证了附录 C 模型的有效性。同时表明，Faraday 型液线的尖端发展与时间周期加速度下的液体射流行为有着相同的外在表现，而微重力模型得到的尖端收缩速度为恒定值。因此，Faraday 型液线的尖端收缩动力学过程由附录 C 中的模型进行预测比微重力模型进行预测效果更好。

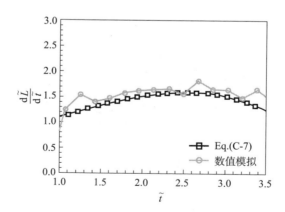

图 4.34 时间周期加速度下液体射流的尖端收缩速度 $\mathrm{d}\tilde{L}/\mathrm{d}\tilde{t}$ 由式（C‑7）计算得到的结果与 $\gamma_0 = 0.5$ 和 $\tilde{\Omega} = 1$ 的相同条件下三维数值模拟结果之间的对比

图 4.35 给出了 γ_0 和 $\tilde{\Omega}$ 对尖端收缩速度（式（C-7）计算得出）的影响，对于 $\tilde{\Omega} = 0$（无振荡）的极限工况，问题简化为恒定加速度下的射流演变。对于所有 $\tilde{\Omega}$ 值下 $\gamma_0 = 0$ 的极限情况，在经过短暂的过渡时间后，$\mathrm{d}\tilde{L}/\mathrm{d}\tilde{t}$ 迅速达到稳定值 1.0，这也就将问题简化为微重力作用下的射流演变问题，该问题在本章附录 A 进行了讨论。对于恒定加速度工况，如图 4.35（a）所示，随着 γ_0 的增大，$\mathrm{d}\tilde{L}/\mathrm{d}\tilde{t}$ 更早达到峰值并更快变为 0，这表明，如果恒定加速度方向指向射流下游，那么经过一定时间后尖端包块将不会推动上游液体运动。

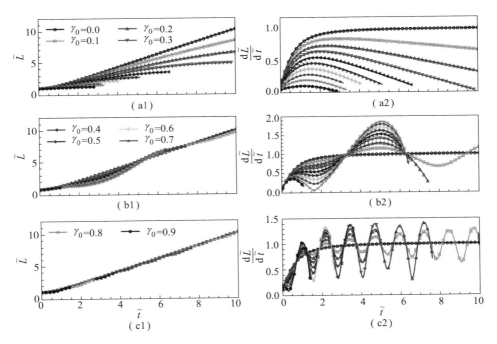

图 4.35　随 γ_0 值在 0~0.9 变化，（a）$\tilde{\Omega} = 0$，（b）$\tilde{\Omega} = 1$，（c）$\tilde{\Omega} = 5$，由附录 C 式（C-7）计算得出的尖端收缩位移 $\tilde{L}$ 和尖端收缩速度 $\mathrm{d}\tilde{L}/\mathrm{d}\tilde{t}$ 随时间的变化情况

当考虑到 $\tilde{\Omega}$ 的影响时，如图 4.35（b1）、（b2）和（c1）、（c2）所示，随着时间的推移 $\mathrm{d}\tilde{L}/\mathrm{d}\tilde{t}$ 和 $\tilde{L}$ 开始发生振荡。当时间周期加速度指向射流上游时，尖端收缩将会加强。因此，不同于恒定加速度工况，尖端收

缩速度 $\mathrm{d}\tilde{L}/\mathrm{d}\tilde{t}$ 值将超过 1.0。随着的 γ_0 增大，$\mathrm{d}\tilde{L}/\mathrm{d}\tilde{t}$ 的振荡幅值将会增大。对于时间周期加速度工况，根据本章附录 C 式（0−10），尖端收缩速度随着 γ_0 的变化而变化，并进一步影响毛细波长，这是 Faraday 型液线在不同参数组合下 Λ/a 值发生变化的原因。

由图 4.35 可以看到，随着 $\tilde{\Omega}$ 的增大和 γ_0 的减小，在一定时间后不同 γ_0 值下液线尖端位移 $\tilde{L}$ 的演变趋近于由 $\gamma_0 = 0$ 得到的直线。这种趋近表明在高频率小振幅的时间周期加速度下，射流尖端收缩速度接近于稳定值 $U = \sqrt{\sigma/\rho a}$。

准稳态毛细波产生之后会继续发展，液线的第一个颈部持续收缩，在液线尖端发生破碎形成液滴。Rayleigh−Plateau（R−P）不稳定性通常用于解释无限长液柱的破碎，但这只有在液柱表面波长大于其周长（$2\pi a$）时才会发生。如表 4.1 所示，在所有模拟情况下，由于尖端收缩而引起的准稳态毛细管波长均小于 $4.0a$，远小于 R−P 不稳定性发生的临界值。因此，液线尖端的破碎由"短波模态"破碎不稳定性的机制引起[150]。

短波模态破碎机制的关键是液线尖端的存在，当液线上形成稳定的毛细波时，"包块"（bulb）和颈部（neck）会交替分布。图 4.36 和图 4.37 显示了在各个时刻下沿波峰中心线上压力和竖直速度的分布。由于周向和轴向毛细作用力之间的相互作用，第二个包块的下游边缘（图 4.36 和图 4.37 中粗灰色区域的左侧）的压力高于第一个颈部。这使得液体快速流动通过颈部区域进入尖端区域。当颈部区域的压力达到最小时，速度达到最大。由于尖端包块（the tip bulb）中相对较高的压力，喷出的液流减速，并且在尖端区域中积累以增大包块的体积，这又减小了尖端包块中的压力（图 4.36 中的圆圈连接的虚线）。第二个包块（图 4.36 中的三角形连接的虚线）和第一颈部（图 4.36 中的正方形连接的虚线）之间的压差随时间发展而增大，继而将液体连续地从颈部区域挤压到尖端包块，因此第一个颈部继续收缩，直到在 $\hat{t} = 2.95$ 时发生破碎。

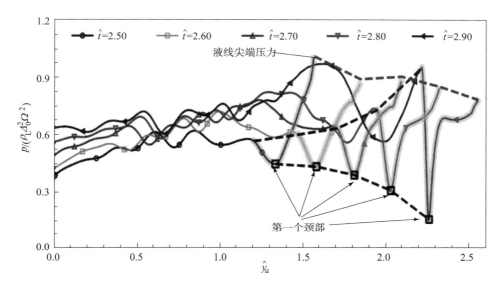

图 4.36　在 $0.0 \leqslant \hat{y}_a \leqslant 2.5$ 沿波峰中心线（$x=0$，$z=0$）上液滴形成过程中液相内的压力分布。粗灰线表示图 4.33 中标识的尖端破碎区域。红色虚线表示液线尖端的压力（见彩插）

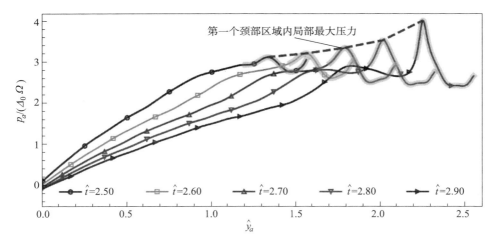

图 4.37　$0.0 \leqslant \hat{y}_a \leqslant 2.5$ 处沿波峰中心线（$x=0$，$z=0$）上液滴形成过程中液相内竖直速度分布。粗灰线表示图 4.33 中标识的尖端破碎区域。虚线表示第一个颈部区域内局部最大压力随时间的变化趋势

从液线尖端破裂的液滴大小是由 Faraday 不稳定性引起的雾化的重要特征。在 $X = 0.88$，$Y = 0.25$ 参数情况下模拟的等效液滴直径为 $D = 3.2a$。由平均液线半径 $a \approx 0.1\lambda$，容易得到

$$D = 3.2a \approx 0.32\lambda \tag{4.62}$$

因此，可以将 Faraday 不稳定性形成的液滴尺寸与表面波长联系起来。表 4.1 列出了其他模拟情况下破碎液滴的平均直径。在本书模拟的工况中，液滴直径与表面波长的比值 D/λ 在 $0.320 \sim 0.375$ 变化，该值接近于先前大多数实验研究中报道的雾化液滴统计平均直径经验常数值 $0.34^{[74]}$。

根据"短波模态"破裂理论[154]，生成的液滴大小取决于在新形成的射流与第一个颈部破碎发生期间进入尖端包块的液体体积（ΔV）。由"短波模态"破碎机制在液线尖端产生的破碎液滴的直径范围为 $2.8a \sim 4.0a^{[154]}$。一旦在未来的工作中确定液线半径 a 与表面波长 λ 的关系，则基于当前 Faraday 不稳定性引起的液体雾化的表面 – 波 – 液线 – 破碎理论，便可从物理角度来解释 Lang 方程[74]中的经验系数 0.34。

4.2.5　低速射流类比

由上文分析可以明显看出，液线形成及破碎与时间周期加速度下从喷嘴或孔口发出的低速液体射流行为在形态学方面非常相似。因此，本书将对 Faraday 型液线的演化与时间周期加速度作用下低速射流破碎进行类比。

如 4.2.3 节所述，液线根部区域最大压力点是自由液线形成的标志，此后在最大压力点位置以上液线的演化不受外部振动的影响。因此，可以将最大压力点看作液线生长的源头。

为了进一步处理 Faraday 不稳定性引起的液线演化及破碎与射流破碎之间的相似性和差异性，本书模拟了时间周期加速度作用下从孔口匀速喷出的液体射流的演变过程。与当前 Faraday 不稳定性原型情况的喷射条件相对应的等效韦伯数 $We = \rho_L V_{inj}^2 a/\sigma = \rho_L (2\Delta_0 \Omega)^2 a/\sigma \sim 8.0$，邦德数

$Bo = \rho_{\mathrm{L}} A_0 a^2 / \sigma = \rho_{\mathrm{L}} \Delta_0 \Omega^2 a^2 / \sigma \sim 1.4$ ，无量纲角频率 $\tilde{\Omega} = \Omega a / \sqrt{\sigma / \rho a} \sim$ 1.0 ，其中，A_0 为时间周期加速度的振幅，V_{inj} 为出口处射流的喷射速度。$V_{\mathrm{inj}} = 2\Delta_0 \Omega$ ，取决于 Faraday 液线内首次出现最大压力点时该处的竖直速度。

为方便与图 4.32 中 Faraday 型液线演变进行对比，图 4.38 给出了对应

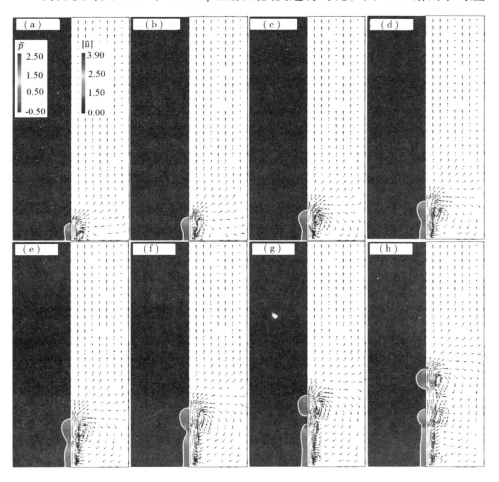

图 4.38　在加速度的前半个周期内，$We = 8.0$，$Bo = 1.4$ 和 $\tilde{\Omega} = 1.0$ 条件下射流破碎过程的时间演化。（a）~（g）表示的时间范围为 $0.10 \sim 0.40$，时间间隔 0.05。（h）表示 $\hat{t} = 0.5$ 时的模拟结果。左半部分表示压力云图，白线为两相界面。右半部分表示速度向量，灰度表示其大小（见彩插）

射流喷射条件下的模拟结果，图中显示了第一次破碎发生期间从 $\hat{t} = 0.1$ 到 $\hat{t} = 0.5$ 两相界面、压力和速度分布的时间演化。图4.39 和图4.40 分别给出了沿射流中心线上竖直速度和压力的分布情况。图4.38 显示，射流从孔口喷出时，最初尖锐的射流尖端很快在毛细力的作用下变为球形，由于尖端收缩效应比加速度产生的加速效应更加显著，因此在 $\hat{t} = 0.1$ 之前，沿射流下游方向竖直速度减小，如图4.39 所示。与 Faraday 不稳定性产生液线的破碎过程类似，尖端收缩导致毛细波沿上游向孔口出口传播，在 $\hat{t} = 0.2$ 时刻之后尖端包块的上游形成颈部区域，图4.40 清晰展示了颈部与其上游边缘之间的压力差，该压力差使得颈部区域中的射流快速流动。如图4.39 所示，射流流动的速度在颈部处达到其最大值。随着时间的推移压力差 Δp_c 增大，并驱动更多的液体从颈部流入尖端包块，从而颈部继续夹断直到在 $\hat{t} = 0.4$ 时刻发生破碎。第一次破碎发生后新产生的射流尖端继续收缩并产生一个新的尖端包块。液体射流尖端破碎体系相关的动力学过程，与前面章节中讨论的 Faraday 型液线破碎体系是相同的（作为对比见图4.32、图4.36 和图4.37）。

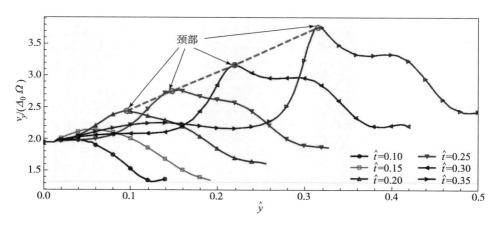

图4.39　图4.38 工况下沿射流中心线竖直速度的分布。虚线表示颈部峰值速度的时间演变

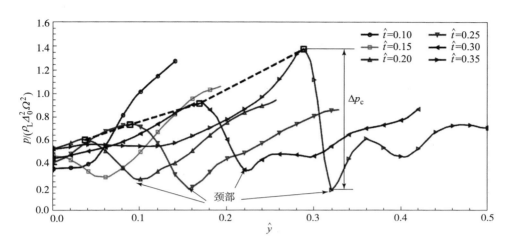

图 4.40　图 4.38 工况下沿射流中心线压力的分布。虚线表示颈部上游边缘的峰值压力

　　为了进一步定量比较射流和 Faraday 型液线破碎之间的区别，将多个特征参数（毛细波长、破碎液滴直径、颈部与其上游边缘间的压力差（图 4.40 中展示的 Δp_c）以及颈部的峰值速度（v_c））进行了并列比较，如表 4.2 所示，其中包括两个最重要的破碎参数：①由射流尖端收缩产生的毛细波长达到 $\Lambda/a = 3.46$（对应的 Faraday 型液线为 3.64）。毛细波的振幅持续增大，并在颈部位置破碎从而分离出尖端液滴。②破碎液滴直径为 $D/a = 2.92$（与之相对应的 Faraday 型液线为 3.2）。与 Faraday 型液线相比，毛细波波长和破碎液滴直径均稍小。

表 4.2　破碎发生之前时刻下两种破碎体系中各特征参数的对比

参数	Faraday 型液线	射流
Λ/a	3.64	3.46
D/a	3.20	2.92
$\Delta p_c/(\rho_{\mathrm{L}}\,\Delta_0^2\,\Omega^2)$	0.83	1.18
$v_c/(\Delta_0\Omega)$	3.12	3.74

　　表 4.2 还比较了尖端包块破碎发生前，两种不同的破碎体系中颈部与

其上游边缘之间的压力差 Δp_c 和颈部峰值速度 v_c。表中结果显示，射流破碎状态下驱动颈部区域射流流动的压力差比 Faraday 型液线内的压力差更大，使得射流颈部区域具有更大的峰值速度，这将加快射流破碎体系中颈部的夹断过程，且通过颈部注入尖端包块内的液体体积将可能会很少。

总体而言，这两种破碎状态之间的细微差别主要归因于以下两个方面：

（1）两种破碎体系的初始条件不同。对于 Faraday 型液线破碎，最大压力点首次出现时，已经存在一个表面变形高于最大压力点的液柱。在此之后，最大压力点位置之上的液体可以严格看作从底部液层中释放的液线。因此，初始时刻液线上部的液体具有较大的速度，此后液线与射流发展相同（图 4.30）。另外，对于射流破碎工况，当射流从孔口喷出时，初始尖锐的射流迅速收缩。尽管喷射速度比尖端收缩速度更大（这使得射流长度增大），但与 Faraday 型液线工况相比，在第一次破碎发生之前，沿 $\hat{y}$ 方向上射流长度更短且速度分布更加平坦（图 4.39）。因此，由尖端收缩产生的毛细波可以迅速到达孔口出口，并且经过反射转换为不稳定波[150]，而在液线破碎过程中则不会出现这一现象。

（2）在 Faraday 型液线破碎过程中，如图 4.31 所示，最大压力点位置发生改变，从而竖直速度发生改变。在射流破碎状态下，这对应着发射速度随时间变化，孔口继而随发射速度移动，这种情况下很难进行定量识别和数值模拟。因此，在当前的射流破碎体系的模拟中，我们将孔口位置固定，并使用恒定的喷射速度，这会导致模拟结果与 Faraday 型液线的演化过程存在微小的差别。

上述关于时间周期加速度下射流破裂的初步研究以及与 Faraday 型液线破裂的比较表明，尽管由于设置存在微小差别，两种模拟之间存在一些微小的差异，但两种破碎状态在尖端确实有着相同的动力学机理。要将两种破裂情况联系起来，关键是要正确识别与 Faraday 型液线随时间变化的出口相对应的液体射流的出口条件，并定量评估孔口出口对射流破裂过程的影响，这需要对具有较宽控制参数范围的射流破裂进行进一步的系统研究。

附录 A　尖端收缩速度

考虑如图 4.33 所示的一维模型推导液线尖端收缩速度。自由液线初始处于停顿状态，由于表面张力的作用两端对称收缩，因此仅关注液线的一半。以第一个球形结构为研究对象，对于微重力条件，可以建立动量方程如下

$$\frac{\mathrm{d}}{\mathrm{d}t}\left(\rho\pi a^2 L \frac{\mathrm{d}L}{\mathrm{d}t}\right) = 2\pi a\sigma - \pi a^2 \frac{\sigma}{a} \qquad (A-1)$$

式中，L 为液线尖端和第一个颈部初始位置之间的距离。

方程（A−1）对时间 t 积分，得

$$L\frac{\mathrm{d}L}{\mathrm{d}t} = \frac{\sigma}{\rho a}t \qquad (A-2)$$

再次积分可得

$$\int_{L_0}^{L} L\mathrm{d}L = \int_0^t \frac{\sigma}{\rho a}t\mathrm{d}t \qquad (A-3)$$

其中，$L_0 \sim O(a)$ 为 $t = 0$ 时刻尖端和第一个颈部之间的距离。由此可以得到

$$L^2 = L_0^2 + \frac{\sigma}{\rho a}t^2 \qquad (A-4)$$

方程（A−2）和（A−4）联立可以得到收缩速率的表达式

$$U = \frac{\mathrm{d}L}{\mathrm{d}t} = \frac{\dfrac{\sigma}{\rho a}t}{\sqrt{L_0^2 + \dfrac{\sigma}{\rho a}t^2}} \qquad (A-5)$$

当 $t \to \infty$ 时表达式可以近似为

$$U = \sqrt{\frac{\sigma}{\rho a}} \qquad (A-6)$$

也就是说，收缩速度在阶数为 $\sqrt{\rho a^3/\sigma}$ 的初始过渡阶段之后到达一个恒定值 $\sqrt{\sigma/\rho a}$。

附录 B　稳定毛细波波长

在获得稳定的收缩速度 U 之后，建立一个模型来求解由收缩引起的稳定毛细管波长。将坐标系原点固定在移动尖端处，那么在该坐标系中，来自液线残留物的流体以恒定速度 U 进入球形结构。轴向的动量方程采用以下形式：

$$\rho\left(\frac{\partial u}{\partial t} + u\,\frac{\partial u}{\partial x}\right) = -\frac{\partial p}{\partial x} \qquad (B-1)$$

液体压力 p 满足 Laplace 条件，即

$$p - p_G = \frac{\sigma}{r\left[1 + \left(\frac{\partial r}{\partial x}\right)^2\right]^{1/2}} - \frac{\sigma\,\dfrac{\partial^2 r}{\partial x^2}}{\left[1 + \left(\dfrac{\partial r}{\partial x}\right)^2\right]^{3/2}} \qquad (B-2)$$

一维连续性方程可以根据质量守恒表示为

$$\frac{\partial r}{\partial t} + u\,\frac{\partial r}{\partial x} = -\frac{r}{2}\,\frac{\partial u}{\partial x} \qquad (B-3)$$

通过假设气体压力 p_G 与液体压力相比可以忽略不计，我们将方程 (B-2) 和 $r = a + \delta$，$u = U + u'$，其中 δ 和 u' 为小值，代入方程 (B-1) 和 (B-3)，忽略二阶及更高阶小量，得到线性化形式

$$\rho\left(\frac{\partial u'}{\partial t} + U\,\frac{\partial u'}{\partial x}\right) = \sigma\,\frac{\partial}{\partial x}\left[\frac{\delta}{a^2} + \frac{\partial^2 \delta}{\partial x^2}\right] \qquad (B-4)$$

以及

$$\frac{\partial \delta}{\partial t} + U \frac{\partial \delta}{\partial x} = - \frac{a}{2} \frac{\partial u'}{\partial x} \tag{B-5}$$

由于我们只对稳态解感兴趣，所以可以舍去式（B-4）和（B-5）中的非稳态项，可以得到

$$\rho U \frac{\mathrm{d} u'}{\mathrm{d} x} = \sigma \frac{\mathrm{d}}{\mathrm{d} x} \left[\frac{\delta}{a^2} + \frac{\mathrm{d}^2 \delta}{\mathrm{d} x^2} \right] \tag{B-6}$$

以及

$$U \frac{\mathrm{d} \delta}{\mathrm{d} x} = - \frac{a}{2} \frac{\mathrm{d} u'}{\mathrm{d} x} \tag{B-7}$$

将方程（B-6）代入方程（B-7）得到

$$U \frac{\mathrm{d} \delta}{\mathrm{d} x} = - \frac{a}{2} \frac{1}{\rho U} \sigma \frac{\mathrm{d}}{\mathrm{d} x} \left[\frac{\delta}{a^2} + \frac{\mathrm{d}^2 \delta}{\mathrm{d} x^2} \right] \tag{B-8}$$

对 x 积分后可进一步化简为

$$\frac{\mathrm{d}^2 \delta}{\mathrm{d} x^2} + \left[\frac{1}{a^2} + \frac{2\rho}{a\sigma} U^2 \right] \delta = 0 \tag{B-9}$$

显然，方程（B-9）的解为波数为 $k = \sqrt{\dfrac{1}{a^2} + \dfrac{2\rho U^2}{a\sigma}}$ 的简谐波。这表明，如果使用式（B-6），那么液线上稳态毛细波的波长为

$$\Lambda = \frac{2\pi}{k} = \frac{2\pi}{\sqrt{\dfrac{1}{a^2} + \dfrac{2\rho U^2}{a\sigma}}} = \frac{2\pi}{\sqrt{3}} a \approx 3.63 a \tag{B-10}$$

附录 C　加速射流的尖端收缩速度

对于以速度 V 从喷嘴喷出，在随时间周期性变化的加速度 $A_0 \sin(\Omega t)$ 下发展的液体射流，可以建立第一个球形结构的动量方程为

$$\frac{\mathrm{d}}{\mathrm{d} t} \left(\rho \pi a^2 L \frac{\mathrm{d} L}{\mathrm{d} t} \right) = 2\pi a\sigma - \pi a^2 \frac{\sigma}{a} - \rho \pi a^2 L A_0 \sin(\Omega t) \tag{C-1}$$

可以化简为

$$L\frac{\mathrm{d}^2 L}{\mathrm{d}t^2} + \left(\frac{\mathrm{d}L}{\mathrm{d}t}\right)^2 = \frac{\sigma}{\rho a} - A_0\sin(\Omega t)L \tag{C-2}$$

取 $s = \mathrm{d}L/\mathrm{d}t$，则有

$$\frac{2}{L}s^2 + \frac{\mathrm{d}s^2}{\mathrm{d}L} = \frac{2\sigma}{\rho a L} - 2A_0\sin(\Omega t) \tag{C-3}$$

或

$$\frac{\mathrm{d}(L^2 s^2)}{\mathrm{d}L} = \frac{2\sigma}{\rho a}L - 2A_0\sin(\Omega t)\,L^2 \tag{C-4}$$

对方程（C-4）从 L_0 到 L 积分得到

$$L^2 s^2 = \frac{\sigma}{\rho a}(L^2 - L_0^2) - \frac{2}{3}A_0\sin(\Omega t)(L^3 - L_0^3) \tag{C-5}$$

求解方程（C-5）得到

$$s = \frac{\mathrm{d}L}{\mathrm{d}t}$$

$$= \pm\sqrt{\frac{\sigma}{\rho a} - \frac{2}{3}A_0\sin(\Omega t)L - \frac{L_0^2\left(\frac{\sigma}{\rho a} - \frac{2}{3}A_0\sin(\Omega t)L_0\right)}{L^2}} \tag{C-6}$$

取无量纲形式为

$$\frac{\mathrm{d}\tilde{L}}{\mathrm{d}\tilde{t}} = \pm\sqrt{1 - \frac{2}{3}\gamma_0\sin(\tilde{\Omega}\tilde{t})\,\tilde{L} - \frac{\left(1 - \frac{2}{3}\gamma_0\sin(\tilde{\Omega}\tilde{t})\right)}{\tilde{L}^2}} \tag{C-7}$$

其中，无量纲量 $\tilde{L} = L/L_0$，$\tilde{\Omega} = \Omega L_0/\sqrt{\sigma/\rho a}$，$\tilde{t} = t\sqrt{\sigma/\rho a}/L_0$，$\gamma(\tilde{t}) = \gamma_0\sin(\tilde{\Omega}\tilde{t}) = \rho a L_0 A_0\sin(\tilde{\Omega}\tilde{t})/\sigma$。

第 5 章

Faraday 不稳定性
诱导喷雾的阈值条件

本章将讨论由于 Faraday 不稳定性导致的喷雾形成的阈值条件。首先，我们考虑从先前实验中得出的启示，以简化阈值条件问题。Faraday 不稳定性中主要表面波模态的存在，可以大大减轻计算负担。然后，根据第 4 章中所述的 Mathieu 方程确定每种振动强度 β 的主要表面波模态。最后，定义由于 Faraday 不稳定性而导致的喷雾形成的物理临界条件，并给出不同振动强度的详细特征。在本章中，确定的振动强度阈值 β_c 为 $\sim O$（1），该阈值比以前关于少量液滴喷射阈值的研究结果大了 2 个数量级。另外，本章的研究结果还表明，该阈值条件与初始表面扰动无关。

5.1 实验启示

根据先前由于 Faraday 不稳定性导致的从液层中产生少量液滴喷射的

实验[82-85]，一种确定阈值条件的典型方法是固定振动角频率 Ω，并从零开始逐渐增加振动位移幅值 Δ_0，直到可以观察到相关现象，如在 10 s 内检测到两个液滴。在其他振动频率上重复相同的过程，以获得振动振幅阈值 Δ_d 关于 Ω 的函数。或者，可以将振动加速度振幅 $A_d = \Delta_d \Omega^2$ 的阈值表达为关于 Ω 的函数。对于无黏流体，最近的实验结果表明：

$$A_d = c \cdot \left(\frac{\sigma}{\rho_L}\right)^{\frac{1}{3}} \Omega^{\frac{4}{3}} \tag{5.1}$$

其中，$c = 0.261^{[82,83,85]}$ 或 $c = 0.345^{[84]}$。无量纲参数 $\beta = \rho_L \Delta_0^3 \Omega^2 / \sigma$（传统术语中无量纲振动加速度振幅的立方）对少量液滴喷射的阈值情况为 $\beta_d = c^3 = 0.018$ 或 0.041。注意，根据对表面波模态选择的研究，认为这些值位于能够形成驻波的区域内。Ubal 等[64]对所有次谐波不稳定波进行的二维计算显示，对于正常重力下以 29 kHz 振动频率强制振动的水层，直到 $\beta = 0.2 \sim 0.9$ 时，才实现驻波模态，尽管计算终止时振动循环的次数（$\sim O$（100））要比实验中液滴喷射所需的循环次数（$\sim O$（1 000））小得多。

对于工业应用，我们对喷雾形成更感兴趣，在喷雾形成中可以稳定且强烈地产生大小可控的液滴。显然，以上所述的在先前实验中研究的少量液滴喷射不适用于这些应用，因此上述阈值条件也不适用。对于我们的研究目标，超声雾化实验提供了更多有用的信息。众所周知，在给定的振动频率 Ω 下产生的液滴的尺寸分布非常集中，基本上不依赖于 $\Delta_0^{[74,75]}$。对于足够深的液层，根据 Lang 方程，平均液滴直径 d_m 随振动频率的增大而减小，即

$$d_m = l \cdot \lambda_0 = l \cdot 2\pi \left(\frac{\sigma}{\rho_L}\right)^{\frac{1}{3}} \left(\frac{2}{\Omega}\right)^{\frac{2}{3}} \tag{5.2}$$

其中，$l = 0.35 \pm 0.03$。方程（5.2）中第二个等式使用了开尔文表达式 $\lambda_0 = 2\pi/k_0 = 2\pi(\sigma/\rho_L)^{1/3}(2/\Omega)^{2/3}{}^{[117]}$，该表达式表示以 $\Omega/2$ 频率振荡的"无振动"表面波的波长。因此，λ_0 通常应与在振动频率 Ω 下实现的主要 Faraday 波的波长不相同。尽管如此，Lang 的方程式将雾化的液滴直径与振动频率相关联，并通过先前阐述的超声雾化实验进行了验证，该方程表

明在每个实验中均存在主要 Faraday 波。实际上，如果通过 Faraday 不稳定性所产生的表面波形成的液线分解而产生液滴，并且与容器壁的影响无关，那么传统的模态选择概念就会使我们想到，存在一个主导表面波，液线从该表面波中周期性地分解成液滴，从而产生喷雾。因此，剩下的理论问题是如何识别在喷雾形成中出现的主导表面波波长，以及怎样寻找一种确定阈值条件的方法。

5.2 数值策略

讨论如何识别主导表面波之前，我们在本数值研究中介绍了计算域。从数值上确定 Faraday 不稳定性产生的喷雾形成阈值条件的最直接方法是进行模拟，该模拟可以捕获具有足够空间和时间分辨率的所有可激发波长，但是这种计算并不实用。由主导表面波导致的上述喷雾意味着，如果在一个地方形成液滴，则必然在其他（无限数量）的地方形成类似的液滴。因此，我们考虑一个水平跨度为一个主导表面波长的动力学发展过程（图 4.1）。在这种模型中用于重复的液滴形成的阈值条件应该对应于从整个液层形成喷雾的阈值条件。

在下文中，为了理论和数值上的简化，考虑了二维设置。从第 4 章我们可以看到，通过二维计算可以捕获从垂直振动的液层形成液线并分解成液滴的主要动力学过程。介绍二维计算结果后，5.3.5 节将简要讨论二维和三维设置之间的差异性和相似性。

我们用于确定喷射形成阈值条件的数值策略基于二维 Faraday 不稳定性理论。如第 4 章所述，当表面变形较小时，表面变形 $\delta(t)\sin(kx)$ 的振幅 δ 服从 Mathieu 方程 ［方程 (4.41)］。表面波是否稳定取决于方程 (4.42) 中定义的两个参数 X 和 Y。在本章中，我们考虑 $\tanh(ky_0) \to 1$ 情况以减小液体深度 y_0 的影响。对应参数对 (X, Y) 位于图 5.1 中不稳定

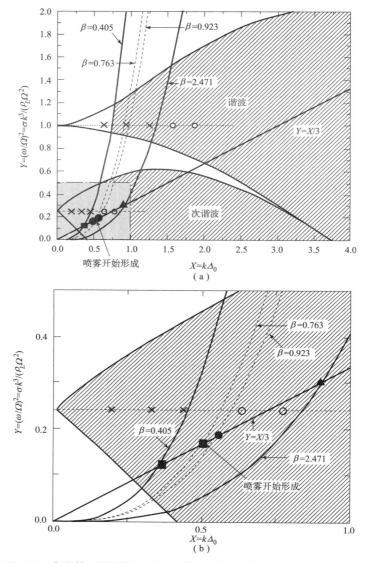

图 5.1　**Mathieu** 方程的不稳定性区域（阴影区域）和确定喷雾形成阈值条件的数值策略。图（b）是图（a）中阴影正方形区域的放大图。每条三次曲线代表一个以无量纲振动强度 $\beta = \rho_1 \Delta_0 \Omega^2 / \sigma$ 标定的实验条件。实线 $Y = X/3$ 上的点对应于不同 β 值的主要表面波数。实心正方形是 5.3.1 节中讨论的非雾化情况。实心三角形是 5.3.2 节中讨论的雾化情况。实心菱形和实心圆是 5.3.3 节中讨论的近临界情况。实心菱形代表了本研究中喷雾形成的开始。通过固定 $Y = 0.25$ 和 1 并更改 X 的值，也可以模拟除用十字符号和空心圆表示的直线 $Y = X/3$ 上的情况以外的其他情况。十字符号代表没有破碎发生时的计算情况，而空心圆圈代表发生破碎的计算情况

区域的表面波能够将其幅值提高到一个确切值，且最终在非线性状态下达到驻波或者破碎状态。因此，每个实验状态（Δ_0，Ω）的实现能够被描绘为三次曲线［式（4.43）］

$$Y = X^3\left(\frac{\sigma}{\rho_1\Delta_0^3\Omega^2}\right) = \frac{X^3}{\beta} \tag{5.3}$$

该方程表明，在一组实验中出现的可能的线性表面波由与振动条件（Δ_0，Ω）相关的无量纲参数 $\beta = \rho_1\Delta_0^3\Omega^2/\sigma$ 所表征。因此，以下将 β 称为无量纲振动强度。在给定 β 值下激发的波数位于不稳定区域的三次曲线上。

超声雾化实验的结果表明，如果可以合理地确定 k_m，则对于每个振动强度 β，我们只需要计算一种与主要表面波数 k_m 相对应的情况。下面描述一种确定 k_m 的方法。

表达式

$$\alpha^2 = X\sin\tau - Y = k\Delta_0\sin\tau - \frac{\sigma k^3}{\rho_L\Omega^2} \tag{5.4}$$

定义了平方增长率。对于给定的实验条件（Δ_0，Ω），增长率的大小取决于波数 k 和无量纲时间 τ。如果在此期间放大的表面波到达非线性阶段，则随后的表面变形将不再服从 Mathieu 方程。因此，式（5.4）提供了一个描述线性表面波转变为非线性波快慢的指标，例如转变为稳定驻波或自由运动液线。失稳阶段的持续时间（当 $\alpha^2 > 0$ 时）$T_{de}(k) = \pi - 2\arcsin[\sigma k^2/(\rho_L\Delta_0\Omega^2)]$ 和平方增长率的幅值 $\alpha_{am}^2(k) = k\Delta_0\sin\tau - \sigma k^3/(\rho_L\Omega^2)$（图5.2）是影响表面波幅值增长的两个因素。$T_{de}(k)$ 是 k 的减函数，而在 $k = k_m$ 时假定 $\alpha_{am}^2(k)$ 达到峰值。对于足够大的振动强度 β，即使 $\alpha_{am}(k)$ 对于其他波数 $k \neq k_m$ 来说很小，但如果失稳阶段持续存在，则表面波振幅的总累积增长可能会变得足够大，从而形成液线并随后破碎。但是，在这项研究中，我们计划的是找到开始形成喷雾时的最小振动强度。显然破碎成液滴的液线在失稳阶段开始形成。因此，我们对在每个实验工况中使 $\alpha_{am}(k)$ 的值最大化的表面波数 k_m 感兴趣。满足该条件的波数 k_m 为

$$k_m^2 = \frac{1}{3}\frac{\rho_L \Delta_0 \Omega^2}{\sigma} \tag{5.5}$$

波数接近该值的表面波的振幅增长率最大。对于这样的表面波，有

$$Y = \frac{1}{3}X \tag{5.6}$$

式（5.6）在图 5.1 中以粗实直线表示。直线 $Y=X/3$ 上的每个点对应于振动强度 β 的主要表面波模态。然后，模型的波长由（$Y=X/3$）直线上不稳定区域内的点（X，Y）确定。通过模拟不同振动强度下的主导模态工况，求解雾化阈值问题可简化为寻找喷雾形成的临界振动强度 β_c。

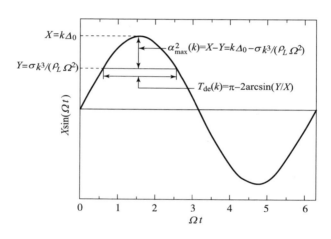

图 5.2　失稳阶段持续时间 T_{de} 和增长率最大值 α_{max}

5.3　喷雾形成的阈值条件

在计算中，我们通过单元宽度 $\lambda = 2\pi/k$ 使坐标（x，y）归一化，并使用振动频率 Ω 使时间 t 归一化，例如（$\tilde{x}$，$\tilde{y}$）$=(x,y)/\lambda$ 和 $\tilde{t} = \Omega t$。从数学上讲，系统中任何速度量纲的物理量都可以使速度无量纲化。但是，参考速度 $\lambda\Omega$ 在物理上不适合用于速度的标准化，因为由惯性力 $\rho\Delta_0\Omega^2$ 产

生的速度场也必须取决于振动位移幅值 D_0。我们将速度场和压力场无量纲化为 $(\tilde{u}, \tilde{v}) = (u, v)/(\Delta_0 \Omega)$ 和 $\tilde{p} = p/(\rho \Delta_0 \Omega^2 \lambda)$。然后，控制方程可以转换为以下无量纲形式

$$\begin{cases} \tilde{\nabla} \cdot \tilde{u} = 0 \\ \dfrac{\partial \tilde{u}}{\partial \tilde{t}} + \dfrac{X}{2\pi}(\tilde{u} \cdot \tilde{\nabla})\tilde{u} = -\tilde{\nabla}p + \sin \tilde{t} \, e_y - \dfrac{Y}{(2\pi)^2 X} \tilde{\nabla} \cdot n \, \tilde{\nabla} H \end{cases} \tag{5.7}$$

其中，参数 X 和 Y 由式（4.42）定义。边界条件不包含任何参数。

给定一组实验条件 (Δ_0, Ω)，对于给定的无限扩展的深液层，无量纲振动强度 β 的值是确定的。我们考虑了一系列实验，将 β 值从一个较小的值不断增加，并研究表面变形特征如何随 β 变化。根据模态选择理论，可以认为，最快的增长扰动模态在每种实验条件下都是普遍存在的。因此，根据 5.2 节所述的数值策略，在图 5.1 中的 $Y = X/3$ 线上，对于以 β 值为特征的每组实验条件，我们计算了模态波的演化。在这种情况下，式（5.7）中的参数 X 和 Y 取值 $X = \sqrt{\beta/3}$ 和 $Y = \sqrt{\beta/3^3}$。因此，式（5.7）改写为

$$\begin{cases} \tilde{\nabla} \cdot \tilde{u} = 0 \\ \dfrac{\partial \tilde{u}}{\partial \tilde{t}} + \dfrac{\sqrt{\beta}}{2\sqrt{3}\pi}(\tilde{u} \cdot \tilde{\nabla})\tilde{u} = -\tilde{\nabla}p + \sin \tilde{t} \, e_y - \dfrac{1}{(2\sqrt{3}\pi)^2} \tilde{\nabla} \cdot n \tilde{\nabla} H \end{cases}$$

$$\tag{5.8}$$

这表明在每个实验条件下实现的主要 Faraday 不稳定性仅由 β 值确定。在小 β 值下，上述方程描述了线性波动。对于较大的 β 值，在液相中所有项都不可忽略，且对流项可能会导致表面变形。注意，方程（5.8）不是无量纲方程组，它说明了这样的流动结构：表面变形影响被限制在界面上的薄层内。因此，通过简单地使 $\sqrt{\beta}/(2\sqrt{3}\pi)$ 等于式（5.8）中非定常项的系数 1 得出的条件 $\beta \sim 12\pi^2 \sim 100$，并没有表示出在数值计算流中的非定常和对流项之间的平衡。

我们对 6 种典型工况进行仿真，即 $(X = 0.3675, Y = 0.1225)$，$(X = 0.4564, Y = 0.1521)$，$(X = 0.5043, Y = 0.1681)$，$(X = 0.5547, Y =$

0.184 9），（$X = 0.607\,5$，$Y = 0.202\,5$）和（$X = 0.907\,5$，$Y = 0.302\,5$）（这些工况分别对应于无量纲强制强度 $\beta = 0.405$、0.625、0.763、0.923、1.107 和 2.471），来确定喷雾形成的阈值条件。喷雾形成的标准一般很难定义。在本研究中，我们认为从整个液层形成喷雾的阈值条件与在主导表面波长的模型中重复形成液滴的条件相同。即使在相对较小的振动强度下，只要经过的时间足够长，就会在不稳定阶段发生液线的破碎。但是，在实验室参考系中破碎的液滴不会具有向外的速度。随后，液滴会回落并与液层合并。因此，在这种条件下不会形成喷雾。振动强度的进一步增大会提高破碎液滴的垂直速度。在本书中没有考虑黏性和重力的影响。破裂的液滴是离开液层升起还是落回到液层上，仅仅取决于破裂发生时液滴的质心速度。作为喷雾形成的标准，我们采用了这样一种条件，即在实验室参考系中液滴在破碎瞬间保持的面平均垂直速度为零。根据这个定义，计算结果表明，当无量纲振动强度 β 达到临界值 $\beta_c = 0.763 \sim O(1)$ 时，开始形成喷雾。

除主导表面波模态情况外，我们还计算了其他不在直线 $Y = X/3$ 上的情况。计算结果表明，仅在三次曲线 $Y = X^3/\beta_c$ 右侧的情况才形成具有向外侧平均垂直速度的破碎液滴，这证明了喷雾形成的临界无量纲振动强度值为 $\beta_c = 0.763$。

接下来，我们将解释这些计算结果。我们将 Faraday 不稳定性的动力学变化描述为 β 的函数，然后确定 β 的阈值。

5.3.1　非雾化情况

图 5.3（a）中的实线显示了对于（$X = 0.367\,5$，$Y = 0.122\,5$）（图 5.1 中的实心正方形，$\beta = 0.405$）情况，$x = \lambda/4$ 时表面位移的随时间的变化。图 5.3（a）中的虚线也表示了具有与四阶 Runge – Kutta 方法计算出的相同参数和初始条件的 Mathieu 方程的解。尽管此参数组合位于不稳定区域，

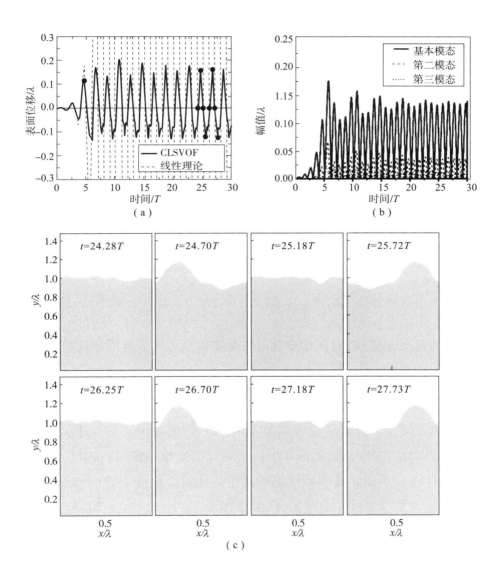

图 5.3　形成 Faraday 驻波的（$X = 0.367\ 5$，$Y = 0.122\ 5$）情况（图 5.1 中的实心正方形，$\beta = 0.405$）的计算结果

（a）$x = \lambda/4$ 时表面位移随时间的变化，虚线是具有相同参数和初始条件的 Mathieu 方程的解；

（b）前三个空间模态的随时间的变化；（c）两个不同周期中瞬时表面形状的比较，这在图（a）中用实心圆表示但不会发生雾化。表面位移的幅值最终达到约 0.17λ 的稳定值。这种状态被认为是 Faraday 驻波状态。在表面位移较小的早期，计算结果与线性解吻合良好。如图 5.3（b）所示，当较高的表面变形模态变得明显时，计算结果就会偏离线性解，图中展示了由表面变形的傅里叶分解获得的前三个空间模态随时间的变化。在驻波状态下，表面位移的振幅从一个周期到另一个周期略有振荡，趋于饱和而不是放大。图 5.3（c）显示了在两个不同的表面变形周期中，典型瞬时的表面形状（由图 5.3（a）中的实心圆表示）。当达到 Faraday 驻波状态时，在不同的循环中重复相同的表面变形。

我们假设本书中的流动是非黏滞性的。因此，驻波状态对应于在表面变形循环的一个周期内通过惯性力对液层所做的净功为零。图 5.4（a）展示了惯性力对液层作功功率 $\left(\rho_L \iint \Delta_0 \Omega^2 \sin(\Omega t) \cdot v_r \mathrm{d}x\mathrm{d}y \right.$，其中，$v_r$ 是参照振动基底的垂直速度 $\Big)$ 随时间的变化。在早期阶段，由于液层流动与惯性力振荡（线性不稳定性）产生共振，因此功率大部分为正。结果，随着时间的推移，表面位移的幅值迅速增加。当表面变形变得相对较大时，非线性作用逐渐占优势，使表面波峰或波谷恢复到中性表面位置的过程发生延迟，因为以较大速度流动的液体倾向于通过惯性维持相同的速度。这样，如图 5.4（b）所示，在液层流动和惯性力（$\rho_L \Delta_0 \Omega^2 \sin(\Omega t)$）之间会产生相位差，图 5.4（b）展示了在驻波状态下（从 $t = 20.3T$ 到 $t = 22.3T$），在一个表面变形循环周期内 $x = \lambda/4$ 处的表面位移和惯性功率随时间的变化。该相位差增加了负功率，从而降低了表面位移振幅的增长率。从 $t = 20.5T$ 到 $t = 21T$（惯性力为负值），观察到以下两种行为：液体首先流向波峰。因为大多数液体向上运动，所以惯性力和垂直速度的乘积即功率为负值。然后，液体在大约 $t = 20.75T$ 之后改变流动方向，从而导致功率为正。类似的行为重复发生，导致在一个表面变形周期内所作净功为零。

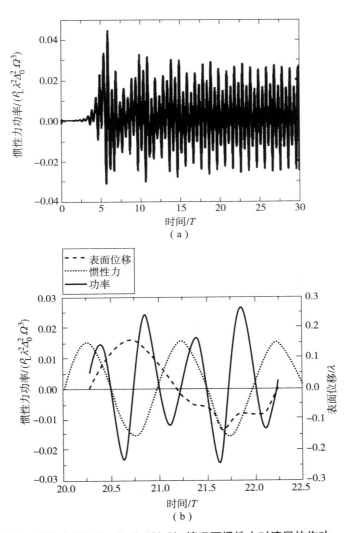

图 5.4　（$X = 0.367\,5$，$Y = 0.122\,5$）情况下惯性力对液层的作功

（a）功率随时间的变化；（b）（a）从 $t = 20.3T$ 扩大到 $t = 22.3T$，$x = \lambda/4$ 处的表面位移和惯性力随时间的变化

5.3.2　雾化情况

图 5.5 显示了对于（$X = 0.907\,5$，$Y = 0.302\,5$）情况，$x = 3\lambda/4$ 处表面高度随时间的变化（图 5.1 中的实心三角形，$\beta = 2.471$）。这也是第 4

章中讨论液线形成的基本动力学的原型情况。在这种情况下，由于较强的振动，形成了自由液线，并且其第一次破碎发生在相对早期。最初，当表面变形较小时，计算结果与 Mathieu 方程（虚线）的解一致。大表面变形的发生频率与线性解的频率相同，这与从次谐波振荡液体表面形成液滴的实验观察结果一致。由于所产生的不稳定液层流动的周期由振动频率确定，因此振动强度的增加会使液体速度增大。结果，对流项的影响变得更大。我们已经在第 4 章中研究了液线形成详细的动力学过程，其实质如图 5.6 所示。通过惯性力，从相邻波谷连续流出的液体的撞击增加了波峰根部的压力。这种非线性流动使线性解的表面位移相位发生延迟。如果此压力大于毛细压力，则波峰会生长成一条长液线，其压力减小到周围的均匀气压。因此，在液线根部增加的压力形成了局部最大压力位置，这意味着该位置上方的液线运动在动力学上不受振动基底的运动的控制。结果，从波谷部流出并经过局部最大压力位置的液体自由地向上移动并延长了液线长度。因此，所产生的液线的行为就像是在重力作用下从孔口垂直向下喷出的低速水射流一样，并倾向于破碎成液滴[97,150,155,156]。

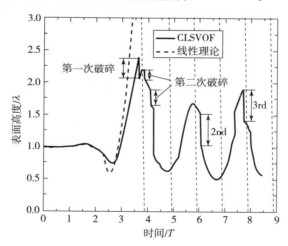

图 5.5 （$X = 0.907\,5$，$Y = 0.302\,5$）情况下 $x = 3\lambda/4$ 处表面高度随时间的变化，如多次发生高度突然下降表示多次发生破裂（图 5.1 中的实心三角形，$\beta = 2.471$）。虚线是具有相同参数和初始条件的 Mathieu 方程的解

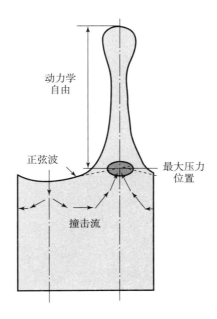

图 5.6　由 Faraday 不稳定性引起的液体液线形成的基本动力学

　　液线的每次破碎都由图 5.5 中表面高度的突然下降表示。液线的第一次破裂，产生一个向外移动的液滴，发生在 $t = 3.65T$ 时，然后是相同液线的两个二次破碎，导致液滴向液层移动并与液层合并（如果进一步提高振动强度，则液线可能会形成多个具有向外速度的液滴）。在这些破裂之后，自由液线在随后的稳定阶段中消失。因为所得到的相对平坦的表面状态与液层的初始表面状态相似，但是振幅有限，所以会发生类似的可重复事件（稳定雾化）。图 5.5 表示在随后的时间段内发生了第二次和第三次破裂。

　　图 4.22 显示了在实验室参考系中第一次破碎发生之前沿波峰中心线（$x = 3/4$）的垂直速度分布，破碎液滴区域中的速度正好在破裂时间（$t = 3.60T$）之前为正，表示破碎的液滴保持平均向外的速度。图 5.7（a）和（b）显示了第二次和第三次破裂瞬间的垂直速度分布。显然，在实验室参考系中观察到的液滴区域中的垂直速度为正，但表面张力使尖端凹陷。具有正的面平均速度的破碎液滴上升并永不落回到液层。因此，一旦在

液线尖端发生破碎，液层就会失去液滴所具有的质量和能量。这意味着由 Faraday 不稳定性引起的喷雾形成是这样的过程，即液层从惯性力吸收能量，然后通过产生离开液层的液滴而部分地释放能量。特别地，按时间平均后当能量增益等于能量损失时，实现稳定的雾化状态。图 5.8

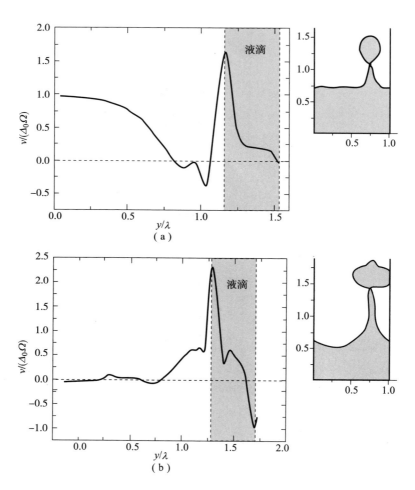

图 5.7 （$X = 0.9075$，$Y = 0.3025$）情况下沿波峰中心线（$x = 3\lambda/4$）的垂直速度分布，分别对应于图 5.5 中的第二次和第三次破碎。速度在实验室参考系中查看。插图是相应时刻的表面形状

（a）$t = 6.04T$；（b）$t = 7.74T$

（a）和（b）显示了惯性功率的随时间的变化及其对时间的积分 $\left(\rho_\mathrm{L} \int_0^t \left[\iint \Delta_0 \Omega^2 \sin(\Omega t) \cdot v_r \mathrm{d}x\mathrm{d}y \right] \mathrm{d}t \right.$，如图 5.8（b）中的粗实线所示 $\Big)$。图 5.8（b）中的细实线

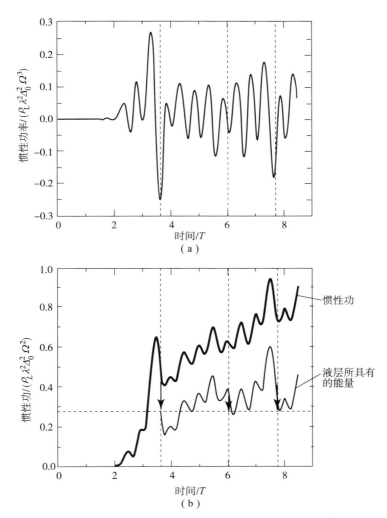

图 5.8　（$X = 0.9075$，$Y = 0.3025$）惯性力对液层作的功。（a）惯性功率随时间的变化。（b）惯性功随时间的变化（粗实线）和液层所具有的能量（细实线），是通过减去破碎液滴所具有的表面能和动能（向下的箭头）得出的。3 条垂直虚线代表 3 个破碎瞬间。箭头顶端表示每次破碎后液层所具有的能量，该能量几乎保持恒定水平（水平虚线）

显示了液层所具有的能量，该能量是通过惯性功（粗实线）减去破碎液滴（向下箭头）所拥有的表面和动能获得的。每次破裂后，液层所具有的能量几乎保持不变（图5.8（b）中水平虚线连接的3个箭头尖端）。液层从两次破碎之间惯性力作功吸收的能量被用来释放下一个破碎液滴。这表明破碎的液滴是反复形成的。

　　传统上用来了解高阶波的表面变形的傅里叶分解对于非雾化情况确实有用。但是，我们在雾化情况下遇到了一些困难，这就是我们在图5.6中详细描述液线结构的原因。图5.9（a）表示通过表面变形的傅里叶分解获

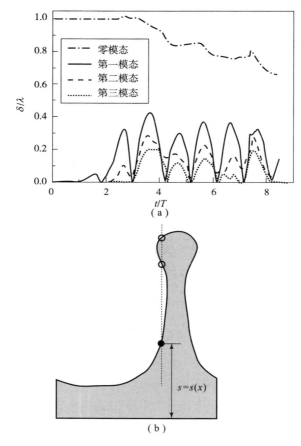

图5.9　（$X=0.9075$，$Y=0.3025$）情况下表面变形的傅里叶分解
（a）前三个空间模态和零模态的随时间的变化；（b）由于球状尖端，表面轮廓函数具有多值性

得的前三个空间模态随时间的变化。第零模态指表面的平均高度。原则上，它应不连续地减少一定量，这一减少量相当于破碎液滴量。如图 5.9（b）所示，当形成具有球形末端的液线时，傅里叶分解便不起作用。表面轮廓成为一个多值函数 $s = s(x)$。在当前表面轮廓的傅里叶分解中，最低点（图 5.9（b）中的实心圆）被用作该横坐标处的表面点。因此，表面的平均高度在破碎之前减小。应当注意，一旦形成液线，第二和第三模态的振幅几乎与第一（基本）模态的振幅相当，这是傅里叶分解中使用的液线的隆起形状导致的。如上所述，局部最大压力位置上方的自由液线与局部最大压力位置下方的液层没有动力学联系；因此，表面变形的简单傅里叶分解不能反映液层的基本运动。实际上，如果我们从液层中除去自由液线部分（局部最大压力位置上方的液体区域），则波谷表面和"新峰表面"的形状（该新峰表面的顶部位于局部最大压力位置）可以近似为具有基本波长的正弦曲线（见图 5.6 中的虚线）。

5.3.3　近临界情况

喷雾形成的临界无量纲振动强度 β_c 应该在 $0.405 \sim 2.471$，这分别是前两节中讨论的情况。本节将论述接近阈值条件的另外两种情况。

图 5.10 显示了在 $(X = 0.554\ 7,\ Y = 0.184\ 9)$（图 5.1 中的实心圆，$\beta = 0.923$）的情况下，波峰顶点和波谷最低点之间的距离随时间的变化。我们选择此距离而不是固定水平位置处的表面位移，是因为在这种情况下，在第一次破裂后波峰沿水平方向移动。与雾化情况类似，在这种近临界情况下破裂也能够发生，但与雾化情况（1 次破裂/2 个振动周期）相比，其破裂率（1 次破裂/10 个振动周期）大大降低。

图 5.11（a）显示了在第一次破裂发生瞬间沿波峰中心线的垂直速度分布。速度在实验室参考系中查看。液滴的面平均垂直速度为正，表示破碎液滴从液层向外移动。

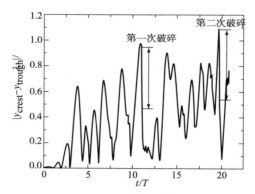

图 5.10 在（$X = 0.5547$，$Y = 0.1849$）情况下（图 5.1 中的实心圆，$\beta = 0.923$），波峰顶点和波谷最低点之间的距离 $\left|y_{\text{crest}} - y_{\text{trough}}\right|$ 随时间的变化

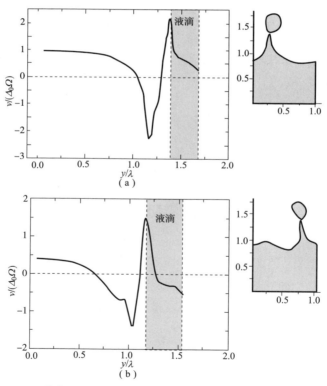

图 5.11 两种典型工况下破碎发生瞬间沿波峰中心线的垂直速度分布。插图是相应瞬间的表面形状

（a）（$X = 0.5547$，$Y = 0.1849$），$t = 10.98T$；（b）（$X = 0.5043$，$Y = 0.1681$）（图 5.1 中的实心菱形，$\beta = 0.763$），$t = 10.75T$

但是，当振动强度进一步降低时，情况就会发生改变。如图 5.11（b）所示，对于这种情况（$X = 0.504\ 3$，$Y = 0.168\ 1$）（图 5.1 中的实心菱形，$\beta = 0.763$），在破碎液滴的顶部出现负的垂直速度。这可能会降低实验室参考系中的面平均垂直速度 v_d，使破碎液滴从液层向外移动。图 5.12 将 v_d 表示为无量纲振动强度 β 的函数。根据此处定义的标准，即 $v_d = 0$，当无量纲振动强度约为 0.763 时，开始形成喷雾。因此，我们得出形成喷雾的无量纲振动强度阈值 $\beta_c = 0.763$。

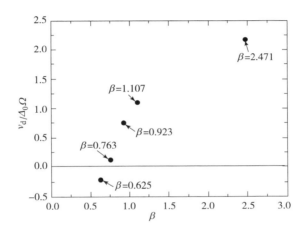

图 5.12　第一次破裂时的液滴面平均垂直速度 v_d，关于 β 的函数图像。这里 v_d 在实验室参考系中查看

通过固定 $Y = 0.25$ 和 $Y = 1.0$ 并更改 X 的值（如图 5.1 中的叉号和空心圆所示），还可以计算其他情况。空心圆圈对应于在相同条件下没有发生破裂的情况。结果表明，雾化情况都位于虚线（$Y = X^3/\beta_c$）的右侧，这证明了本研究采用的数值策略有效。

5.3.4　理论分析

基于本节选择的单模态模型和 Landau 振幅方程的基础物理原

理[157-159]，我们的数值计算从较小的初始表面扰动开始，已确定喷雾形成的振动强度阈值 $\beta_c = 0.763$。该数值结果的有效性将通过以下简单的理论考虑得到证实。

如5.3.2节所述，一旦形成自由液线，它可能会自然分解成液滴。因此，阈值条件主要对应于自由液线形成条件，并且主要取决于以振动频率的一半 $\Omega/2$ 振荡的水平流的速度增大。u 的控制方程表明，当对流项与非稳态项相当时，可以估算 u_{max}（在一个周期内的波峰与波谷部分之间的中间位置可获得的最大水平速度）大小的阶数。因为非稳态项和对流项可以分别估算为

$$\begin{cases} (u_{max} - 0)/(2\pi/(\Omega/2)/4) = u_{max}\Omega/\pi \\ (u_{max}/2)(u_{max} - 0)/(\lambda/4) = 2u_{max}^2/\lambda \end{cases} \quad (5.9)$$

通过深度为 $1/k$ 的水平流冲击而产生的垂直速度 v_{rmax}（以振动基底为参照）的大小采用连续性关系 $(1/k)u_{max} \sim (\lambda/4)v_{rmax}$ 估算出的速度大小 $v_{rmax} \sim \lambda\Omega/(\pi^2)$。因此，我们有以下表达式：

$$\frac{v_{rmax}}{\Delta_0\Omega} \sim \frac{\lambda}{\pi^2\Delta_0} = \frac{2}{\pi k\Delta_0} = \frac{2}{\pi}\frac{1}{X} \quad (5.10)$$

由图5.1可见，对于雾化情况 $\beta = 2.471$，$X \sim 0.9$。因此，式（5.10）导出 $v_{rmax}/(\Delta_0\Omega) \sim 0.71 \sim O(1)$，这与图5.13所示的数值计算结果一致。注意，在雾化情况下，最大压力位置以上的液线从动力学上来说脱离了最大压力位置之下的液层。根据第4章的讨论，产生液线的液体速度应为最大压力位置处的垂直速度 v_{rmax}（图5.13中的虚线矩形），这是满足上述连续性关系的水平流撞击的直接结果。当 β 接近零时，式（5.10）的值发散地增加。但是，Faraday 不稳定性不能引起满足式（5.10）的水平流。在小的 X 处，即在小的 β 处，当 X 较小，即 β 较小时，式（5.10）只有当 X 大于某个值时才成立。此 X 值可以由以下分析进行估算得到。

从目前的数值研究中得出的一个重要发现是，当表面变形幅值达到确定值 $\delta_{max} = \theta\lambda = 2\pi\theta/k$ 且 $\theta \sim 1/8$ 时，非线性流动效应变得明显，该值对

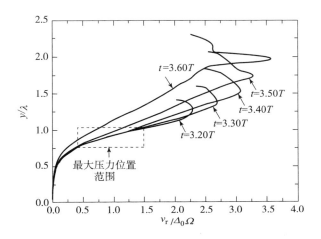

图 5.13　对于 $\beta = 2.471$ 雾化情况沿波峰中心线（$x = 3\lambda/4$）上的垂直速度分布，从最大压力位置出现的时刻（$t = 3.20T$）到破碎将要发生的时刻（$t = 3.60T$）。速度以振动基底为参照。最大压力位置表示在虚线矩形内

应于稳定驻波的幅值或最大压力位置距中性表面位置的距离。图 5.14 的插图显示了在 $x = 3\lambda/4$ 处临界阶段的表面位移随时间的变化，其中所考虑的振动周期中的波峰增长首次导致液线裂解。最大波谷表面变形状态为时间起点 $t = 0$。前一个振动周期中的表面变形恢复方式与稳定驻波相似，并且由于非线性效应而产生振幅为 δ_{max} 的波谷表面。通过考虑 $x = \lambda/4$ 和 $5\lambda/4$ 时相邻界面的相反行为，容易理解图 5.14 中的表面位移演化的物理机理。显然，$t = 0$ 时刻必须处于稳定阶段。v_{rsurf} 为在 $x = 3\lambda/4$ 处表面点的垂直速度，在稳定阶段通过恢复惯性力作用在相邻波峰部分上的作用从零开始增加，然后在不稳定阶段通过惯性力作用在所考虑波峰部分上的作用从零开始增加。

对于 $Y = X/3 < X$ 线上的主要表面波，为简化起见，可以忽略较小的表面张力影响。此外，如图 5.14 插图中的灰色区域所示，我们将惯性力的正弦变化简化为矩形波形，幅值为 $(2/\pi)\rho_L\Delta_0\Omega^2$（平均值）恒定且在稳定和不稳定阶段分别为正值和负值。由于 θ 很小，并且在 $t = 0$ 时液体几乎在

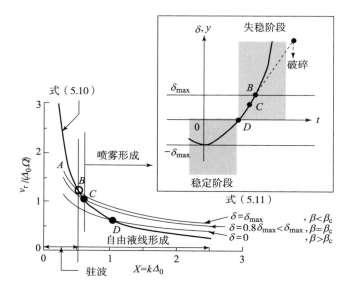

图 5.14 方程（5.10）和方程（5.11）的图像描述。与振动基底相关的最大垂直表面液体速度表示为方程 $X = k\Delta_0$。插图描述了 $x = 3\lambda/4$ 处的中性表面位置处表面位置随时间的变化。表面位于最大变形处的时刻记为 $t = 0$

各处停滞，因此后续的表面位移 $\delta(t)$ 服从简化的均匀惯性力 Mathiue - type 方程式，直到水平流的对流项占主导。这个线性方程可以很容易解析求解。在亚谐不稳定表面波中，当惯性力的符号从负变为正时，对于这个特定的表面波数（k），波峰的增长率达到最大值，即 δ 变为零。因此，选择与我们的数值策略一致的波。然后可以得到 v_{rsurf} 和 δ 之间的关系：

$$
\frac{v_{\text{rsurf}}}{\Delta_0 \Omega} = \begin{cases} \sqrt{\dfrac{2}{\pi} \dfrac{(2\pi\theta)^2}{k\Delta_0}\left\{1 + \left(\dfrac{\delta}{\delta_{\max}}\right)^2\right\}} = \sqrt{\dfrac{\pi}{8X}\left\{1 + \left(\dfrac{\delta}{\delta_{\max}}\right)^2\right\}}, & 0 < \delta \leqslant \delta_{\max} \\[4mm] \sqrt{\dfrac{2}{\pi} \dfrac{(2\pi\theta)^2}{k\Delta_0}\left\{1 - \left(\dfrac{\delta}{\delta_{\max}}\right)^2\right\}} = \sqrt{\dfrac{\pi}{8X}\left\{1 - \left(\dfrac{\delta}{\delta_{\max}}\right)^2\right\}}, & -\delta_{\max} \leqslant \delta \leqslant 0 \end{cases}
$$

$$
(5.11)
$$

这在图 5.14 中由一组细实线表示。该线性解仅在粗实线下方有效。因此，我们对粗线和每条细线的交点感兴趣，在这种情况下，波峰的根部具有在方程（5.7）推导中假定的非线性停滞点流，通过连续性关系和随后的波峰发展可能会使自由液线裂解成液滴，令式（5.11）等于式（5.10），得到表达式

$$
X = \begin{cases} \dfrac{32}{\pi^3} \dfrac{1}{1 + \left(\dfrac{\delta}{\delta_{max}}\right)^2}, & 0 < \delta \leqslant \delta_{max} \\[4mm] \dfrac{32}{\pi^3} \dfrac{1}{1 - \left(\dfrac{\delta}{\delta_{max}}\right)^2}, & -\delta_{max} \leqslant \delta \leqslant 0 \end{cases} \tag{5.12}
$$

图 5.14 中的点 B 表示以下情况：在失稳阶段的某个瞬间，线性表面位移 δ 达到临界值 δ_{max}，并且在随后的表面位移演变过程中，水平流的对流项影响不可忽略，由插图中的虚线表示。因此，波峰发展为自由液线，最大压力位置为 $y = \delta_{max}$。但是由于表面张力导致的尖端收缩会降低液体尖端向外的速度，因此在实验室参考系中，破碎的液滴可能不会具有向外的速度。在点 B 处 X 值可由式（5.12）得出，为 $X = X_B = 16/\pi^3 = 0.516$。如果我们将该值代入方程式 $Y = X/3 = X^3/\beta$，则估算 β 值为 $\beta = 0.799$。对于临界振动强度 $\beta_c = 0.763$ 的计算情况，这些估计值接近于值 $X = 0.5043$。在 $X < X_B$（$\beta < \beta_B$）的条件下，式（5.10）的值大于式（5.11）而且可达到的最大水平速度由最大垂直速度［式（5.11）］（图 5.14 中的直线 AB）确定。实际上，即使水平速度未达到式（5.10）的值，水平流中的对流项仍然有一定影响。结果，由对流引起的相位延迟产生稳定的驻波状态，如 5.3.1 节所述。在 $\beta = 0.405$ 的计算中，最终实现了稳定的驻波，$X = 0.3675$。另外，在 $X > X_B$ 处，波峰受到较小 δ 处的非线性流的影响。这意味着在实验室参考系中波峰顶点可能具有较大的向外速度。相应地，由自由液线产生的液滴具有较大的向外速度。例如，$\delta = 0$ 的条件下在方程（5.11）中的交点服从 $X = 1.03$ 和 $\beta = 3.18$，这与我们对 $X = 0.9075$ 和 $\beta = 2.471$ 的雾化情况的计算结果一致。

5.3.5 三维修正

当我们考虑的液体区域为立方体时，该区域在两个由 z 方向上与宽度 λ 相同距离分隔的平面（面）上满足循环条件，问题将转换为三维设置。线性表面变形以 δ（t） $\sin$（$k_{3D}x$） $\sin$（$k_{3D}z$）的形式表示且 δ 由相同的 Mathieu 方程控制，与二维情况的区别只是由 $k = \sqrt{2}k_{3D}$ 稍微改变了波长。结果，三维线性流场的演变与二维情况相同。即使在非线性演化阶段，只需将方程左侧的对流项乘 $1/\sqrt{2}$ 以及将右侧的界面项乘 $1/2$，即可将二维控制方程（5.8）转换为三维控制方程。因此，这些修改不会显著影响液线根部最大压力点出现时的 β 的数量级。一旦形成自由液线，它就会通过末端夹断而裂解成液滴，这与在重力作用下从孔口发出的水射流裂解相同[97,150,155,156]。重要的是，二维设置中缺乏的周向表面张力的影响仅在自由液线形成和末端夹断过程中起次要作用。因此，尽管在三维计算中考虑自由液线和末端夹断过程更为精确，但在二维计算中以数值方法确定的振动强度阈值 β_c 可以精确到与三维计算相同的数量级。

5.3.6 Lang 方程的解释

当在实验中由于 Faraday 不稳定性实现驻波时，我们很容易确定其频率和波长。另外，除了在临界情况附近外，很难识别雾化表面状态下的主导表面波长。尽管如此，测量破碎液滴的尺寸分布相对容易。Lang 方程（5.2）将这些实验结果相互关联，表明液滴主要是由 $Y = 0.25$ 条件下波长接近 $\lambda = \lambda_0$ 的表面波产生的。然而，在大多数这样的研究中，人们对 Mathieu 方程解的解释存在误解，认为在图 5.1 中亚谐波表面变形仅在 $Y = 0.25$ 线上的那些表面波上发生，尽管在亚谐波不稳定区域所有的表面波均以振动频率的一半振荡。因此，这些误解本身已经为支持 Lang 方程的结果做好了准备。考虑到在每次实验及其非线性演化中都可以实现的主导表面波，这一点也很重要。根据我们的工作，Lang 方程解释如下。在图 5.1 中的 $Y = X/3$ 线上，产生主要亚谐波的 Y 值范围是 $0.1 < (2\pi)^3 \sigma/(\lambda_m^3 \rho_L \Omega^2) < 0.6$。因此，有 $0.75 < \lambda_m/\lambda_0 < 1.36$。在 $\lambda_m/\lambda_0 = 1$（$0.75 < \lambda_m/\lambda_0 < 1.14$）附近，当我们重点关注喷雾形成的情况（$0.168 < (2\pi)^3 \sigma/(\lambda_m^3 \rho_L \Omega^2) < 0.6$ 时，其中下限 0.168 是根据 $Y = X/3$ 和曲线 $\beta = 0.763$ 的交点确定的，而上限 0.6 是由 $Y = X/3$ 与亚谐波不稳定区域的上边界曲线的交点确定，这个范围被进一步缩小。因此，即使在 $\beta > \beta_c$ 的喷雾形成情况下，亚谐波振荡表面的主要表面波长才接近于 λ_0，且直到在更高的 β 下谐波模态或更高的模态占主导地位时，才产生 Lang 方程（5.2）。

5.4　初始扰动的影响

到目前为止，我们进行的所有计算都是在很小的表面扰动的情况下进行的。即使在比 $\beta_c = 0.763$ 小得多的振动强度 β 下，较大的初始扰动也能形成单个液滴。然而，这样的液滴形成不会连续发生，并且不能实现稳定的雾化。

为了研究初始扰动对液滴形成的影响，我们重点研究了（$X = 0.628$，$Y = 1$）（$\beta = 0.248 < \beta_c$）这种情况。我们用与以前使用的相同的较小初始表面扰动开始计算，表面变形的幅度限制为 0.015λ。因此，没有液滴形成。

我们使用图 5.15（a）插图中所示的较大表面变形作为初始表面形状，并将初始速度和压力设置为零，来计算相同的情况（$X = 0.628$，$Y = 1$）。两组计算之间的唯一区别是，前者以动能形式引入，后一种情况的初始输入能量为表面能形式，这比前一种情况的初始输入能量要大得多。图 5.15（a）显示了波峰顶点和波谷最低点之间距离随时间的变化。从图 5.15

（a）中，可以看到确实产生了液滴。这表明即使在弱振动下，初始较大的表面变形也能够产生液滴。图 5.15（b）显示了通过瞬时表面变形的傅里叶分解得出的前三个空间模态随时间的变化。零模态图中的两个突然下降对应于两次破碎。

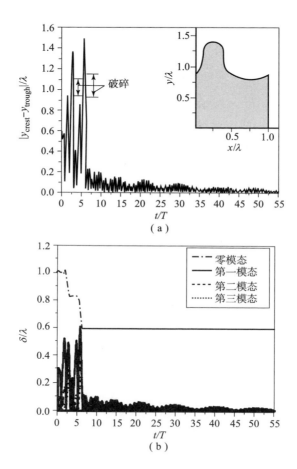

图 5.15　（$X = 0.628$，$Y = 1$）情况下在图（a）中插图中所示的初始表面形状计算结果

（a）波峰顶点和波谷最低点之间距离 $|y_{crest} - y_{trough}|$ 随时间的变化，由于较大的初始表面变形，在最初的两次破碎之后，表面变形不足以引起更多的破碎；（b）表面变形的前三个空间模态和零模式随时间的变化

但是，在前两次破碎之后，表面变形不再被充分放大以致引起更多破碎，而是表面变形幅度的大小被限制在约 0.025λ，与计算中使用小初始扰动获得的表面变形幅度的数量级相同（$\sim O(10^{-2})\ \lambda$）。这告诉我们在（$X = 0.628$，$Y = 1$）情况下无法实现稳定雾化。

该计算的重要结论是，通过形成破碎液滴的形式，除去了液层中最初多余的表面能。结果，尽管能量级联为高阶波，但表面变形最终稳定到由弱振动确定的调制驻波状态。一方面，如果外部振动不够强，则由于初始能量输入较大，可能会发生单次破裂。但是，不能实现稳定的雾化。另一方面，即使初始能量输入很小，如果振动足够强，仍然可以通过从惯性力获得能量来实现稳定的雾化。能否形成喷雾与初始条件无关。

第 **6** 章

球面 **Faraday** 不稳定性液滴雾化机理

6.1 二维轴对称气液界面的 CLSVOF 捕捉方法

6.1.1 CLSVOF 方法概述

不可压缩两相流的数值计算在大范围的工业应用和学术研究中（例如，由喷嘴喷出的液体射流的雾化，液滴落入储液罐的飞溅过程，泵叶轮周围气穴的形成）发挥着重要的作用。在这些计算中最关键的部分是准确地预测气 – 液界面的运动，这可以通过各种数值方法来完成。用于确定界面运动的数值策略，通常可以分为界面追踪方法和界面捕获方法[160]。

一种典型的界面追踪方法是所谓的"前追踪方法"[161-163]。在该方法中，在静止、固定的背景网格中求解连续性方程和动量方程的同时，使用自适应网格对界面进行追踪。首先在界面网格中计算界面跳跃条件，如流体密度、流体黏度和压力，然后通过将它们分布在有限厚度的虚界面区域中，转入固定网格。使用从固定网格中求解的流场内插值得到的速度，以拉格朗日方法来进行界面前部的对流。由于前部对流产生的不足，界面网格需要进行调整以提高其性能。另一种常用的界面追踪方法称为"表面追踪方法"[121,164,165]。在该方法中，通过放置在两相边界上的一组带标记微粒，对界面进行直接追踪。和"前追踪方法"相似，这些带标记微粒在通过 Navier - Stokes 方程求解的流场中以拉格朗日方法进行对流，该过程在固定网格区域中进行。这种类型的方法尤其适用于小振幅波和弱变型气泡运动的研究[122]，但是当界面的拓扑结构发生改变时，该方法将难以评估界面网格或表面微粒。这个困难限制了它在界面融合及破裂的数值模拟方面的应用[160]。

作为另一种描述界面的方法，界面捕获方法已经广泛应用于自由表面和界面流动的直接数值模拟。在该方法中，使用附加标量隐式地捕获两相界面。用来表示界面的标量函数中使用最多的有流体体积（VOF）函数 F 和水平集（LS）函数 ϕ，相应地提出了 VOF 法和 LS 法，以模拟不同相之间的界面动力学。

在 VOF 方法中，VOF 函数（F）定义为每个计算单元内特定流体的体积分数。$F=1$ 表示单元被指定流体占用；$F=0$ 表示单元被其他流体占用；$0<F<1$ 代表单元被两种流体所占用（包括界面）。VOF 方法中的一些关键方法应谨慎使用。第一个是 F 对流的数值方案。由于 F 函数的不连续性，用于求解连续量的对流方程的传统数值方案（如经典的迎风方案）已经不再适用于 F 函数的对流。F 的对流方程通常使用基于几何的方案求解，该方案中，需要根据 F 函数值的分布来对每一个位于界面单元内的界面进行重建。通过重建界面使用的不同算法，对 VOF 方法进行分类。在最

初的 VOF 方法中，Hirt 和 Nichols[125] 使用了一种简单线界面计算（Simple line interface calculation，SLIC）方法来对界面单元内的界面进行重建。SLIC 方法仅一阶准确，在该方法中，重建后的界面是与单元格边缘对齐的一条或两条线。为了提高重建的精确度，研究人员提出了一种对界面的线性近似[127-129,166,167]，通常称为分段线性界面计算（Piecewise linear interface calculation，PLIC）方法。在 VOF 方法的执行过程中，通常使用连续表面力（Continuous surface force，CSF）模型将表面张力转换为分布在有限厚度的界面区域内的体积力[119]。在该模型中，界面法线及其导数需要充分近似以精确估算界面曲率，进而估算表面张力。界面法线由 F 函数的梯度计算得出，由于 F 函数的不连续性，在 VOF 方法中界面法线的计算过程必须仔细地进行。通常使用两种类型的算法估算界面法线。一种是从宽对称的模板单元处的离散 F 值中计算 F 函数的导数，如质心法[168]、中心差法[129]、Parker 和 Young 的方法[169]、最小二乘 VOF 界面重构算法（LVIRA）[170] 和高效最小二乘 VOF 界面重构算法（ELVIRA）[171]。另一种计算 F 导数的类型是通过将 F 函数与某些核函数（如 B 样条[119] 和径向对称核 K_8[172]）卷积来平滑在界面区域内的 F 函数。

　另一个用来模拟界面的流动的界面捕获方法是 LS 方法[173-176]。其中 LS 函数 ϕ 定义为到界面的带符号的法线距离。根据这个定义，该界面由零水平集等值面 $\phi=0$ 表示。通过求解 ϕ 的对流方程来隐式对流界面，由于 ϕ 的连续性，可以使用高阶离散方案进行代数求解[132,133]。同理，容易计算 ϕ 的导数，然后计算 ϕ 的法线和曲率。在 LS 方法中，很重要的一点是，必须在所有计算时刻保证 ϕ 始终为距离函数（根据 ϕ 的定义即「$\nabla\phi$」$=1$），以准确估算界面曲率[132,175,177]。然而这个条件在 ϕ 对流之后不能够被保证[175,178]。因此，需要一个初始化过程使 ϕ 始终保持为距离函数[175,176,179]。虽然 ϕ 的连续性使 LS 方法在模拟界面流动领域成为一项强大的技术，但其主要缺点是，由于在离散对流方程过程中的数值耗散和重新初始化过程中零水平集的错误移动，流体质量不再严格守恒。在 LS 方法中，已有一些措施对质量守恒问题进行补救。例如，用更高阶方案离散化对流方程[180,181]，在界面附近使用自适应性网格[182,183]和开发界面维持的重新初始化算法[132,184]。

从上述 VOF 方法和 LS 方法的特点中可以看出，仅仅使用其中的任一种方法都是不够精确的。VOF 方法本质上来说是质量守恒的，但是由于曲率计算的不连续性所限制了它的应用。ϕ 的连续性使得 LS 方法在曲率估算上具有优势；然而，它在对流和重新初始化过程中经常引起质量的增加或减少。两种方法的优势和劣势是互补的，因此人们提出了集中两种方法优势的耦合水平集流体体积法（CLSVOF）以模拟两相流动[39,96,134,135,137,185-189]。在所有不同的 CLSVOF 方法之间，最大的不同就是 VOF 函数和 LS 函数的耦合方式。在 Sussman 和 Puckett 所提出的最原始的 CLSVOF 方法中[135]，需要重建分段线性界面，以便用准确的到界面的带符号法线距离指定水平集函数，这非常难以实现。Sun 和 Tao[137]开发了一种更简单的 CLSVOF 方法，其中，仅 VOF 函数需要对流，并通过一个简单的迭代几何运算对 LS 函数进行计算。Van der Pijl 等[134,187]提出了二维和三维构型的 VOF 函数和 LS 函数之间的代数关系，极大简化了耦合的实现。最近，Luo 等[189]采纳了这个代数关系并开发了用于液体雾化的三维直接数值模拟的 CLSVOF 方法。

对于轴对称的现象，如在静止液体中因为浮力而上升的气泡[189]和飞溅至液层上的液滴[139]，在二维柱坐标系内离散控制方程比在三维笛卡尔直角坐标系中进行离散更有效，因为前一种情况能够有效缩短计算时间。虽然 Sussman 和 Puckett[135]已经发展了一种用于轴对称两相流的 CLSVOF 算法，但是如上所述，耦合的实现过程极为复杂。Van der Pijl 和 Luo 等[134,187,189]所提出的关于构造 VOF 函数和 LS 函数之间代数关系的核心观点更能引起人们注意，因为耦合的实现过程更加容易。在目前的研究中，CLSVOF 方法是基于轴对称两相流的 F 函数以及 ϕ 函数之间新型的代数关系而发展的。

本节的其余部分安排如下。6.1.2 节将会详细介绍求解控制方程和捕获界面的数值算法。6.1.3 节对 4 个典型的气 – 液流动问题进行模拟，将计算结果与对应的理论解和实验观察进行对比，以验证本节所提出的 CLSVOF 方法。

6.1.2　计算算法

6.1.2.1　控制方程

在本研究中，假定两个流体相都是牛顿且不可压缩流体。因此，速度满足无散度条件，连续性方程可以表达为

$$\nabla \cdot \boldsymbol{u} = 0 \tag{6.1}$$

式中，$\boldsymbol{u} = (u, v)$ 代表的是速度向量，u 和 v 分别代表的是径向和轴向的部分。两相流的运动通过如下的纳维尔 – 斯托克斯方程来控制：

$$\frac{\partial \boldsymbol{u}}{\partial t} + (\boldsymbol{u} \cdot \nabla)\boldsymbol{u} = -\frac{1}{\rho}\nabla p + g + \boldsymbol{f}_s + \frac{1}{\rho}\nabla \cdot [\mu(\nabla \boldsymbol{u} + \nabla \boldsymbol{u}^t)] \tag{6.2}$$

式中，p 为压力；g 为重力加速度；$\boldsymbol{f}_s$ 为通过连续表面力（CSF）模型从表面张力转化而成的质量力，稍后将会进行讨论；ρ 为流体密度；μ 为流体动力黏度。

材料特性对于每个流体相都保持恒定，并在界面处经受跳跃条件，即 $[\rho]_\Gamma = \rho_L - \rho_G$ 和 $[\mu]_\Gamma = \mu_L - \mu_G$，其中中括号 $[\ ]$ 代表跨界面的跳转。这些跳转条件可以表达为

$$\begin{cases} \rho = \rho_G + (\rho_L - \rho_G)H(\phi) \\ \mu = \mu_G + (\mu_L - \mu_G)H(\phi) \end{cases} \tag{6.3}$$

通过使用 LS 函数，下表"L"和"G"分别代表液体相和气体相。

对于黏性流体，界面速度是连续的，即

$$[\boldsymbol{u}]_\Gamma = 0 \tag{6.4}$$

在法线方向上界面力的平衡如下：

$$[\boldsymbol{n}^t \cdot (-p\boldsymbol{I} + \mu(\nabla \boldsymbol{u} + \nabla \boldsymbol{u}^t)) \cdot \boldsymbol{n}]_\Gamma + \sigma\kappa = 0 \qquad (6.5)$$

式中，$\boldsymbol{I}$ 为单位矩阵；σ 为表面张力系数；κ 为界面曲率。

利用界面速度的连续性，压力和速度梯度［方程（6.5）］的跳跃条件可以简化为

$$[\nabla \boldsymbol{u}]_\Gamma = 0 \qquad (6.6)$$

以及

$$[p]_\Gamma = \sigma\kappa \qquad (6.7)$$

物理量在界面附近的跳跃条件［方程（6.3）和方程（6.7）］通过 CSF 方法来[119]模拟，其中所有不连续量都分布在有限厚度 $\eta = 2\varepsilon$ 的界面区域上。平滑的 Heaviside 函数迫使密度和黏度跳跃条件连续，即

$$H_\varepsilon(\phi) = \begin{cases} 0, & \phi < -\varepsilon \\ \dfrac{1}{2}\Big[1 + \dfrac{\phi}{\varepsilon} + \dfrac{1}{\pi}\sin\Big(\pi\,\dfrac{\phi}{\varepsilon}\Big)\Big], & |\phi| \leqslant \varepsilon \\ 1, & \phi > \varepsilon \end{cases} \qquad (6.8)$$

通过 CSF 模型将表面张力转换为界面区域内的体积力

$$f_s = \frac{\sigma\kappa\,\nabla H_\varepsilon(\phi)}{\rho_\varepsilon(\phi)} \qquad (6.9)$$

在方程（6.2）中，曲率 κ 通过下式计算获得

$$\kappa = -\nabla \cdot \boldsymbol{n} = -\nabla \cdot \frac{\nabla\phi}{|\nabla\phi|} \qquad (6.10)$$

式中，$\boldsymbol{n}$ 是单位法线向量，将在 6.1.2.3 节详细介绍。

如图 6.1 所示，考虑具有轴对称条件的圆柱坐标系，在目前的研究中，统一的交错网格系统被使用。横向的网格大小 Dx 和纵向的 Dy 相同。速度分量（$u_{i-1/2,j}$，$u_{i+1/2,j}$，$v_{i,j-1/2}$，$v_{i,j+1/2}$）被存储在单元边缘（图 6.1 中的实心三角和实心菱形）的中间，而其他量如压力（$p_{i,j}$）、密度（$r_{i,j}$）、黏度（$m_{i,j}$）、VOF 函数和 LS 函数被存储在单元中心（图 6.1 中的实心圆）。在以下内容中，为方便起见，将单元中心的量索引为整数对（i，j），而将单元边缘的量索引为（$i\pm1/2$，j）或者（i，$j\pm1/2$）。

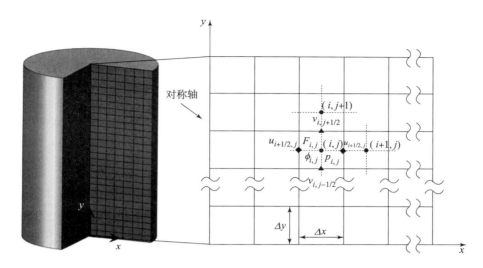

图 6.1　轴对称情况下的网格配置

6.1.2.2　Projection 算法

如图 6.1 所示，控制方程（6.1）和（6.2）被交错网格离散化，并且通过投影方法[163]求解，简明步骤如下。

首先，忽略压力梯度项，中间速度 u^* 通过下式进行计算：

$$\frac{u^* - u^n}{\Delta t} = -(u^n \cdot \nabla) u^n + g + f_s + \frac{\mu_\varepsilon(\phi^n)}{\rho_\varepsilon(\phi^n)} \nabla \cdot \left[\nabla u^n + (\nabla u^n)^t \right]$$

（6.11）

利用显式二阶迎风格式来离散对流项以及中心差分格式来离散黏性项。Δt 是时间段，上标 n 代表第 n 个时间步。

通常来说，由于压力的变化，中间速度不一定满足连续性方程。第 $(n+1)$ 步 u^{n+1} 的速度包括压力梯度通过下式计算：

$$\frac{u^{n+1} - u^*}{\Delta t} = -\frac{1}{\rho_\varepsilon(\phi^n)} \nabla p^{n+1}$$

（6.12）

然后，通过将方程（6.12）代入不可压缩的连续性方程（6.1），得出以中间速度的发散度为源项的压力泊松方程（PPE）：

$$\Delta t \, \nabla \cdot \frac{1}{\rho_\varepsilon(\phi^n)} \nabla p^{n+1} = \nabla \cdot \boldsymbol{u}^* \tag{6.13}$$

方程（6.13）通过逐次过度松弛（SOR）方法迭代求解，并将收敛准则设置为 10^{-8} 的残差。随后通过方程（6.12）进行计算 $\boldsymbol{u}^{n+1}$。

时间步长受 3 个条件限制以稳定计算[190]，即在一个时间段中，①流体微元传播不能超过一个单元；②动量扩散不能超过一个单元；③表面波传播不能超过一个单元。通过这些限制条件可得步长的公式：

$$\Delta t = CFL \min\left\{ \frac{\Delta}{\max(|u_{max}|, |v_{max}|)}, \frac{\Delta^2}{4\max(\nu_L, \nu_G)}, \sqrt{\frac{\min(\rho_L, \rho_G)}{8\sigma}\Delta^3} \right\} \tag{6.14}$$

式中，$\boldsymbol{\Delta} = \Delta x = \Delta y$ 是均匀的网格尺寸；ν_L 和 ν_G 分别是运动黏度的液相和气相；$CFL = 0.25$ 是 CFL 数值。

6.1.2.3 轴对称条件下 VOF 函数与 LS 函数的代数关系

目前，用来模拟气 – 液界面动力学的 CLSVOF 方法的策略是通过 LS 函数来捕获界面，而 VOF 函数作为补充用以保证质量守恒。VOF 函数（F）定义为每一个单元中液相所占用的体积分数。当一个单元仅被液相占用，VOF 函数值等于 1；当一个单元仅被气相占用，VOF 函数值等于 0；当一个单元同时被气相和液相占用，意味着在这个单元里有界面，VOF 函数值介于 0~1。LS 函数定义为从单元中心到界面的法向距离。LS 函数对在液相中的单元中心为正，对在气相中的单元中心为负，对落在界面上的单元中心为 0，表达式为

$$\phi = \begin{cases} -d, & \text{对气相中的单元中心} \\ 0, & \text{对界面上的单元中心} \\ d, & \text{对液相中的单元中心} \end{cases} \tag{6.15}$$

式中，d 是网格中心到界面的距离。

在目前的研究中，耦合 VOF 函数和 LS 函数算法以它们之间的代数关

系为基础。遵循着 PLIC – VOF 方法[166,191]，假定界面单元中的界面为以斜率恒定的直线，如图 6.2 所示。根据 LS 函数［方程（6.15）］的定义，单位法线向量 $\boldsymbol{n}$ 可以根据 LS 函数的梯度进行计算，即

$$\boldsymbol{n} = \frac{\nabla\phi}{|\nabla\phi|} \tag{6.16}$$

$\boldsymbol{n}$ 通过中心差分格式求得。在这个单元中的直线界面的函数可以表达为

$$n_x \cdot x + n_y \cdot (y - y_{j-1/2}) + c_{i,j} = 0 \tag{6.17}$$

式中，$n_x = \partial\phi/\partial x$ 和 $n_y = \partial\phi/\partial y$ 分别是单元法线向量的部分；$y_{j-1/2} = y_j - 0.5\Delta y$ 是单元（i，j）底部边缘的纵向坐标；$c_{i,j} = \phi_{i,j} - n_x x_i - 0.5 n_y \Delta y$ 和 x_i 是单元中心的横向坐标。

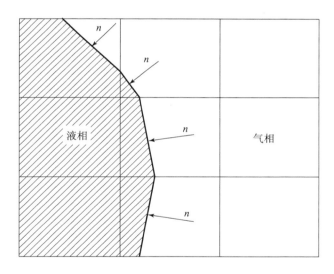

图 6.2　界面单元中的界面分段线性近似以及单位法线向量的方向

可以看出，一旦给出 LS 函数，界面就会唯一被确定。相应地，液体体积分数可以通过 LS 函数进行计算

$$F_{i,j} = \frac{1}{\mathrm{vol}(\Omega_{i,j})}\int_{\Omega_{i,j}} H(\phi)\,\mathrm{d}\Omega = F(\phi_{i,j}, \nabla\phi_{i,j}, x_i)$$

$$= \frac{1}{x_i \Delta x \Delta y}\int_{y_{j-1/2}}^{y_{j+1/2}}\int_{x_{i-1/2}}^{x_{i+1/2}} H(n_x \cdot x + n_y \cdot (y - y_{j-1/2}) + c_{i,j})x\,\mathrm{d}x\,\mathrm{d}y \tag{6.18}$$

其中,

$$\Omega_{i,j} = \{(x,y) \mid x_{i-1/2} \le x \le x_{i+1/2}, y_{j-1/2} \le y \le y_{j+1/2}\} \tag{6.19}$$

在网格中代表一个单元 (i, j), 以及

$$H(\phi) = \begin{cases} 0, & \phi \le 0 \\ 1, & \phi > 0 \end{cases} \tag{6.20}$$

是 Heaviside 函数。在一些数学推论之后, $F_{i,j}$ 和 $\phi_{i,j}$ 的代数关系表达如下:

1. $n_x = 0$

在这种情况下, 界面是水平的并且 $| n_y | = 1$, 因为 LS 函数是到界面的距离函数 (即 $|\nabla\phi| = 1$)。然后,

$$F_{i,j} = \begin{cases} 0, & \phi_{i,j} \le -\phi_{sum} \\ \dfrac{1}{2} + \dfrac{\phi_{i,j}}{\Delta y}, & -\phi_{sum} < \phi_{i,j} \le \phi_{sum} \\ 1, & \phi_{i,j} > \phi_{sum} \end{cases} \tag{6.21}$$

其中,

$$\phi_{sum} = \frac{1}{2}\left(\left| \Delta x \frac{\partial\phi}{\partial x} \right| + \left| \Delta y \frac{\partial\phi}{\partial y} \right| \right)_{i,j} \tag{6.22}$$

2. $n_y = 0$

在这种情况下, 界面为竖直面, 且 $| n_x | = 1$, 有

$$F_{i,j} = \begin{cases} 0, & \phi_{i,j} \le -\phi_{sum} \\ \dfrac{(x_i + 0.5\Delta x)^2 - (x_i - \phi_{i,j})^2}{(x_i + 0.5\Delta x)^2 - (x_i - 0.5\Delta x)^2}, & -\phi_{sum} < \phi_{i,j} \le \phi_{sum}, n_x = 1 \\ \dfrac{(x_i + \phi_{i,j})^2 - (x_i - 0.5\Delta x)^2}{(x_i + 0.5\Delta x)^2 - (x_i - 0.5\Delta x)^2}, & -\phi_{sum} < \phi_{i,j} \le \phi_{sum}, n_x = -1 \\ 1, & \phi_{i,j} > \phi_{sum} \end{cases}$$

$$\tag{6.23}$$

3. $n_x > 0, n_y > 0$

在这种情况下, 有

$$
F_{i,j} = \begin{cases}
0, & \phi_{i,j} \leqslant -\phi_{\mathrm{sum}} \\[2mm]
\dfrac{1}{x_i \Delta x \Delta y}\left[\dfrac{(B-\Delta y)^3}{6A^2} - \dfrac{1}{3}Ax_{i+1/2}^3 - \dfrac{1}{2}(B-\Delta y)x_{i+1/2}^2 \right], & \\[2mm]
\qquad -\phi_{\mathrm{sum}} < \phi_{i,j} \leqslant -\phi_{\mathrm{dif}} & \\[2mm]
1 - \dfrac{1}{x_i \Delta x \Delta y}\left[\dfrac{1}{3}A(x_{i+1/2}^3 - x_{i-1/2}^3) + \dfrac{1}{2}B(x_{i+1/2}^2 - x_{i-1/2}^2) \right], & \\[2mm]
\qquad -\phi_{\mathrm{dif}} < \phi_{i,j} \leqslant \phi_{\mathrm{dif}}, \ \left| \Delta x \dfrac{\partial \phi}{\partial x} \right| \leqslant \left| \Delta y \dfrac{\partial \phi}{\partial y} \right| & \\[2mm]
1 - \dfrac{1}{x_i \Delta x \Delta y}\left\{ \dfrac{1}{6A^2}\Delta y^3 - \dfrac{B}{2A^2}\Delta y^2 + \dfrac{1}{2}\left[\left(\dfrac{B}{A} \right)^2 - x_{i-1/2}^2 \right]\Delta y \right\}, & \\[2mm]
\qquad -\phi_{\mathrm{dif}} < \phi_{i,j} \leqslant \phi_{\mathrm{dif}}, \ \left| \Delta x \dfrac{\partial \phi}{\partial x} \right| > \left| \Delta y \dfrac{\partial \phi}{\partial y} \right| & \\[2mm]
1 - \dfrac{1}{x_i \Delta x \Delta y}\left(\dfrac{B^3}{6A^2} - \dfrac{1}{3}Ax_{i-1/2}^3 - \dfrac{1}{2}Bx_{i-1/2}^2 \right), & \phi_{\mathrm{dif}} < \phi_{i,j} \leqslant \phi_{\mathrm{sum}} \\[2mm]
1, & \phi_{i,j} > \phi_{\mathrm{sum}}
\end{cases}
$$

$$(6.24)$$

其中，

$$
\begin{cases}
x_{i\pm1/2} = x_i \pm 0.5\Delta x \\[2mm]
A = -\left(\dfrac{n_x}{n_y} \right)_{i,j} = -\left(\dfrac{\partial \phi / \partial x}{\partial \phi / \partial y} \right)_{i,j} \\[2mm]
B = -\dfrac{c_{i,j}}{n_y} = \dfrac{-\phi_{i,j} + x_i\,(\partial \phi / \partial x)_{i,j} + 0.5\Delta y\,(\partial \phi / \partial y)_{i,j}}{(\partial \phi / \partial y)_{i,j}}
\end{cases}
$$

$$(6.25)$$

且

$$
\phi_{\mathrm{dif}} = \frac{1}{2}\left|\ \left| \Delta x \frac{\partial \phi}{\partial x} \right| - \left| \Delta y \frac{\partial \phi}{\partial y} \right|\ \right|_{i,j}
$$

$$(6.26)$$

4. $n_x < 0$, $n_y < 0$

在这种情况下，有

$$F_{i,j} = \begin{cases} 0, & \phi_{i,j} \leqslant -\phi_{\text{sum}} \\[2mm] \dfrac{1}{x_i \Delta x \Delta y}\left(\dfrac{B^3}{6A^2} - \dfrac{1}{3}Ax_{i-1/2}^3 - \dfrac{1}{2}Bx_{i-1/2}^2\right), & -\phi_{\text{sum}} < \phi_{i,j} \leqslant -\phi_{\text{dif}} \\[2mm] \dfrac{1}{x_i \Delta x \Delta y}\left[\dfrac{1}{3}A(x_{i+1/2}^3 - x_{i-1/2}^3) + \dfrac{1}{2}B(x_{i+1/2}^2 - x_{i-1/2}^2)\right], \\[1mm] \qquad -\phi_{\text{dif}} < \phi_{i,j} \leqslant \phi_{\text{dif}}, \left|\Delta x\dfrac{\partial\phi}{\partial x}\right| \leqslant \left|\Delta y\dfrac{\partial\phi}{\partial y}\right| \\[2mm] \dfrac{1}{x_i \Delta x \Delta y}\left\{\dfrac{1}{6A^2}\Delta y^3 - \dfrac{B}{2A^2}\Delta y^2 + \dfrac{1}{2}\left[\left(\dfrac{B}{A}\right)^2 - x_{i-1/2}^2\right]\Delta y\right\}, \\[1mm] \qquad -\phi_{\text{dif}} < \phi_{i,j} \leqslant \phi_{\text{dif}}, \left|\Delta x\dfrac{\partial\phi}{\partial x}\right| > \left|\Delta y\dfrac{\partial\phi}{\partial y}\right| \\[2mm] 1 - \dfrac{1}{x_i \Delta x \Delta y}\left[\dfrac{(B-\Delta y)^3}{6A^2} - \dfrac{1}{3}Ax_{i+1/2}^3 - \dfrac{1}{2}(B-\Delta y)x_{i+1/2}^2\right], \\[1mm] \qquad \phi_{\text{dif}} < \phi_{i,j} \leqslant \phi_{\text{sum}} \\[2mm] 1, & \phi_{i,j} > \phi_{\text{sum}} \end{cases} \tag{6.27}$$

5. $n_x > 0$, $n_y < 0$

在这种情况下，有

$$F_{i,j} = \begin{cases} 0, & \phi_{i,j} \leqslant -\phi_{\text{sum}} \\[2mm] \dfrac{1}{x_i \Delta x \Delta y}\left(-\dfrac{B^3}{6A^2} + \dfrac{1}{3}Ax_{i+1/2}^3 + \dfrac{1}{2}Bx_{i+1/2}^2\right), \\[1mm] \qquad -\phi_{\text{sum}} < \phi_{i,j} \leqslant -\phi_{\text{dif}} \\[2mm] \dfrac{1}{x_i \Delta x \Delta y}\left[\dfrac{1}{3}A(x_{i+1/2}^3 - x_{i-1/2}^3) + \dfrac{1}{2}B(x_{i+1/2}^2 - x_{i-1/2}^2)\right], \\[1mm] \qquad -\phi_{\text{dif}} < \phi_{i,j} \leqslant \phi_{\text{dif}}, \left|\Delta x\dfrac{\partial\phi}{\partial x}\right| \leqslant \left|\Delta y\dfrac{\partial\phi}{\partial y}\right| \\[2mm] \dfrac{1}{x_i \Delta x \Delta y}\left\{-\dfrac{1}{6A^2}\Delta y^3 + \dfrac{B}{2A^2}\Delta y^2 - \dfrac{1}{2}\left[\left(\dfrac{B}{A}\right)^2 - x_{i+1/2}^2\right]\Delta y\right\}, \\[1mm] \qquad -\phi_{\text{dif}} < \phi_{i,j} \leqslant \phi_{\text{dif}}, \left|\Delta x\dfrac{\partial\phi}{\partial x}\right| > \left|\Delta y\dfrac{\partial\phi}{\partial y}\right| \\[2mm] 1 - \dfrac{1}{x_i \Delta x \Delta y}\left[-\dfrac{(B-\Delta y)^3}{6A^2} + \dfrac{1}{3}Ax_{i-1/2}^3 + \dfrac{1}{2}(B-\Delta y)x_{i-1/2}^2\right], \\[1mm] \qquad \phi_{\text{dif}} < \phi_{i,j} \leqslant \phi_{\text{sum}} \\[2mm] 1, & \phi_{i,j} > \phi_{\text{sum}} \end{cases} \tag{6.28}$$

6. $n_x < 0$, $n_y > 0$

在这种情况下，有

$$
F_{i,j} = \begin{cases}
0, & \phi_{i,j} \leqslant -\phi_{\text{sum}} \\[2mm]
\dfrac{1}{x_i \Delta x \Delta y}\Big[-\dfrac{(B-\Delta y)^3}{6A^2} + \dfrac{1}{3}A x_{i-1/2}^3 + \dfrac{1}{2}(B-\Delta y) x_{i-1/2}^2 \Big], \\[2mm]
\quad -\phi_{\text{sum}} < \phi_{i,j} \leqslant -\phi_{\text{dif}} \\[2mm]
1 - \dfrac{1}{x_i \Delta x \Delta y}\Big[\dfrac{1}{3}A(x_{i+1/2}^3 - x_{i-1/2}^3) + \dfrac{1}{2}B(x_{i+1/2}^2 - x_{i-1/2}^2) \Big], \\[2mm]
\quad -\phi_{\text{dif}} < \phi_{i,j} \leqslant \phi_{\text{dif}}, \left| \Delta x \dfrac{\partial \phi}{\partial x} \right| \leqslant \left| \Delta y \dfrac{\partial \phi}{\partial y} \right| \\[2mm]
1 - \dfrac{1}{x_i \Delta x \Delta y}\Big\{ -\dfrac{1}{6A^2}\Delta y^3 + \dfrac{B}{2A^2}\Delta y^2 - \dfrac{1}{2}\Big[\Big(\dfrac{B}{A}\Big)^2 - x_{i+1/2}^2 \Big]\Delta y \Big\}, \\[2mm]
\quad -\phi_{\text{dif}} < \phi_{i,j} \leqslant \phi_{\text{dif}}, \left| \Delta x \dfrac{\partial \phi}{\partial x} \right| > \left| \Delta y \dfrac{\partial \phi}{\partial y} \right| \\[2mm]
1 - \dfrac{1}{x_i \Delta x \Delta y}\Big(-\dfrac{B^3}{6A^2} + \dfrac{1}{3}A x_{i+1/2}^3 + \dfrac{1}{2}B x_{i+1/2}^2 \Big), \\[2mm]
\quad \phi_{\text{dif}} < \phi_{i,j} \leqslant \phi_{\text{sum}} \\[2mm]
1, & \phi_{i,j} > \phi_{\text{sum}}
\end{cases}
$$

$$(6.29)$$

和传统的二维直角坐标中液体体积分数和水平坐标 $x_i^{[177]}$ 无关不同，方程（6.18）指出在轴对称圆柱坐标中，水平坐标 x_i 是决定 $F_{i,j}$ 的一个附加参数。如图 6.3 所示，在轴对称圆柱坐标中，针对不同的 x_i 值（$n_x = n_y = -\sqrt{2}/2$，$x_i = 0.5\Delta x$，Δx 和 $1.5\Delta x$），绘制作为函数 $\phi_{i,j}$ 的体积分数 $F_{i,j}$。作为参考，在图 6.3 中，还绘制了带有相同界面法线向量的传统二维直角坐标系中的 $F_{i,j}$（$\phi_{i,j}$）。在轴对称情况下，$F_{i,j}$（$\phi_{i,j}$）根据不同的 x_i 值发生变化，并且在二维情况下，根据 x_i 值的增加而增大。

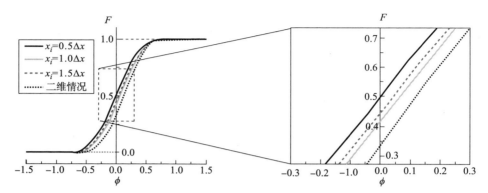

图 6.3　在轴对称坐标中 F 在 $n_x = n_y = -\sqrt{2}/2$，$x_i = 0.5\Delta x$（黑色实线），$1.0\Delta x$（点划线）和 $1.5\Delta x$（灰色实线）以及在二维直角坐标系（虚线）下 $n_x = n_y = -\sqrt{2}/2$ 下作为 LS 函数的一种函数

6.1.2.4　VOF 函数的对流

速度场 $\boldsymbol{u}^{n+1}$ 通过 6.1.2.4 节中的方法获得之后，基于第 n 个时间步的 VOF 函数 F^n 可通过下式：

$$\frac{\partial F}{\partial t} + (\boldsymbol{u} \cdot \nabla)F = 0 \tag{6.30}$$

求解得到 F^{n+1}。由于 VOF 函数不连续的性质，方程（6.30）不能够通过传统的数值格式离散化。轴对称流动可采用如下格式进行求解[135]：

$$
\begin{cases}
F^x_{i,j} = \dfrac{F^n_{i,j} - \dfrac{1}{x_i \Delta x \Delta y}(\mathrm{FLR}_{i,j} - \mathrm{FLL}_{i,j})}{1 - \dfrac{\Delta t}{x_i \Delta x}(x_{i+1/2} u_{i+1/2,j} - x_{i-1/2} u_{i-1/2,j})} \\[6mm]
F^y_{i,j} = \dfrac{F^x_{i,j} - \dfrac{1}{x_i \Delta x \Delta y}(\mathrm{FLT}_{i,j} - \mathrm{FLB}_{i,j})}{1 - \dfrac{\Delta t}{\Delta y}(v_{i,j+1/2} - v_{i,j-1/2})} \\[6mm]
F^{n+1}_{i,j} = F^y_{i,j} - \Delta t\left(F^x_{i,j} \dfrac{x_{i+1/2} u_{i+1/2,j} - x_{i-1/2} u_{i-1/2,j}}{x_i \Delta x} + F^y_{i,j} \dfrac{v_{i,j+1/2} - v_{i,j-1/2}}{\Delta y} \right)
\end{cases}
\tag{6.31}
$$

式中，$\mathrm{FLR}_{i,j}$、$\mathrm{FLL}_{i,j}$、$\mathrm{FLT}_{i,j}$，和 $\mathrm{FLB}_{i,j}$ 分别代表通过计算网格（i，j）的

右部、左部、上部和底部边缘的通量。

之后，我们将举例如何实施通过左部边缘 $\mathrm{FLL}_{i,j}$ 的通量计算，其他的通量计算与此类似。

为了在 VOF 函数的离散对流方程中包含迎风特性，通过左部边缘的通量可以看作 FLL^+ 和 FLL^- 之和。当 $\mathrm{FLL}^- = 0$ 时 $\mathrm{FLL}^+ \neq 0$，反之亦然。在这种情况下，通量可以写为

$$\mathrm{FLL}_{i,j} = \mathrm{FLL}_{i,j}^+ + \mathrm{FLL}_{i,j}^- \qquad (6.32)$$

通量 FLL^+ 和 FLL^- 可以通过方程（6.18）从 LS 函数中进行计算：

$$\begin{cases} \mathrm{FLL}_{i,j}^+ = v^+ \Delta x \Delta y (x_\mathrm{L} + \Delta_{x\mathrm{L}}) \cdot F_{i,j}(\phi_\mathrm{L} + \Delta_{x\mathrm{L}} D_{x\mathrm{L}}, (D_{x\mathrm{L}}, D_{y\mathrm{L}}), v^+ \Delta x, \Delta y, x_\mathrm{L} + \Delta_{x\mathrm{L}}) \\ \mathrm{FLL}_{i,j}^- = v^- \Delta x \Delta y (x_\mathrm{R} + \Delta_{x\mathrm{R}}) \cdot F_{i,j}(\phi_\mathrm{R} + \Delta_{x\mathrm{R}} D_{x\mathrm{R}}, (D_{x\mathrm{R}}, D_{y\mathrm{R}}), -v^- \Delta x, \Delta y, x_\mathrm{R} + \Delta_{x\mathrm{R}}) \end{cases}$$

$$(6.33)$$

其中，

$$v^+ = \frac{\max(u_{i-1/2,j}, 0) \Delta t}{\Delta x}, v^- = \frac{\min(u_{i-1/2,j}, 0) \Delta t}{\Delta x} \qquad (6.34)$$

$$\Delta_{x\mathrm{L}} = \frac{1}{2}(1 - v^+) \Delta x, \Delta_{x\mathrm{R}} = -\frac{1}{2}(1 + v^-) \Delta x \qquad (6.35)$$

$$x_\mathrm{L} = x_{i-1}, x_\mathrm{R} = x_i, \phi_\mathrm{L} = \phi_{i-1,j}, \phi_\mathrm{R} = \phi_{i,j} \qquad (6.36)$$

和

$$D_{x\mathrm{L}} = \frac{\partial \phi}{\partial x}\Big|_{i-1,j}, D_{y\mathrm{L}} = \frac{\partial \phi}{\partial y}\Big|_{i-1,j}, D_{x\mathrm{R}} = \frac{\partial \phi}{\partial x}\Big|_{i,j}, D_{y\mathrm{R}} = \frac{\partial \phi}{\partial y}\Big|_{i,j} \qquad (6.37)$$

6.1.2.5　LS 函数的对流

基于第 n 个时间步的 LS 函数的 ϕ^n 可通过下式：

$$\frac{\partial \phi}{\partial t} + (\boldsymbol{u} \cdot \nabla)\phi = 0 \qquad (6.38)$$

求解得到 ϕ^{n+1}。在目前的研究中，二阶基本非振荡（ENO）格式被用来离散化对流项。对于不可压缩流体，方程（6.38）可以表达为守恒形式，即

$$\frac{\partial \phi}{\partial t} + \nabla \cdot (\boldsymbol{u}\phi) = 0 \qquad (6.39)$$

对流项的 x 分量，$\partial(u\phi)/\partial x$ 可以离散为

$$\frac{\partial(xu\phi)}{x\,\partial x} = \frac{(xu\phi)_{i+1/2,j} - (xu\phi)_{i-1/2,j}}{x_i\Delta x} = \frac{x_{i+1/2}u_{i+1/2,j}\phi_{i+1/2,j} - x_{i-1/2}u_{i-1/2,j}\phi_{i-1/2,j}}{x_i\Delta x}$$

$$(6.40)$$

其中，$\phi_{i-1/2,j}$ 和 $\phi_{i+1/2,j}$ 分别是代表单元 (i,j) 左部和右部边界上的 LS 函数，并且可以通过 ENO 方案进行计算。以 $\phi_{i-1/2,j}$ 为例

$$\phi_{i-1/2,j} = \begin{cases} \phi_{i-1,j} + \dfrac{1}{2}\mathrm{minmod}(\phi_{i,j} - \phi_{i-1,j}, \phi_{i-1,j} - \phi_{i-2,j}), & u_{i-1/2,j} > 0 \\[2mm] \phi_{i,j} - \dfrac{1}{2}\mathrm{minmod}(\phi_{i,j} - \phi_{i-1,j}, \phi_{i+1,j} - \phi_{i,j}), & \text{其他} \end{cases}$$

$$(6.41)$$

其中函数

$$\mathrm{minmod}(a,b) = \begin{cases} a, & |a| \leqslant |b| \\ b, & \text{其他} \end{cases}$$

$$(6.42)$$

y 方向分量 $\partial(v\phi)/\partial y$ 的守恒形式和方程（6.40）、方程（6.41）相似，即

$$\frac{\partial(v\phi)}{\partial y} = \frac{(v\phi)_{i,j+1/2} - (v\phi)_{i,j-1/2}}{\Delta y} = \frac{v_{i,j+1/2}\phi_{i,j+1/2} - v_{i,j-1/2}\phi_{i,j-1/2}}{\Delta y}$$

$$(6.43)$$

以 $\phi_{i,j-1/2}$ 为例

$$\phi_{i,j-1/2} = \begin{cases} \phi_{i,j-1} + \dfrac{1}{2}\mathrm{minmod}(\phi_{i,j} - \phi_{i,j-1}, \phi_{i,j-1} - \phi_{i,j-2}), & v_{i,j-1/2} > 0 \\[2mm] \phi_{i,j} - \dfrac{1}{2}\mathrm{minmod}(\phi_{i,j} - \phi_{i,j-1}, \phi_{i,j+1} - \phi_{i,j}), & \text{其他} \end{cases}$$

$$(6.44)$$

方程（6.39）中的不稳定项通过二阶方案 Runge – Kutta 进行离散，然后我们获得对流之后的 LS 函数 ϕ°。

6.1.2.6　LS 函数的重新初始化

维持 LS 函数为在界面附近的距离函数对于更精确地捕获界面和计算

表面张力是非常重要的。虽然 LS 函数起初被设定为带符号的距离函数，但是在经过非均匀流对流之后，它不一定再保持距离函数的性质。因此重新初始化被用来校正 LS 函数重新成为一个距离函数。这个重新初始化过程通过以下方程进行求解实现

$$\frac{\partial \phi}{\partial \tilde{t}} + \boldsymbol{w} \cdot \nabla \phi = \text{sgn}(\phi^\circ) \tag{6.45}$$

式中，$\tilde{t}$ 是虚拟时间；

$$\text{sgn}(a) = \begin{cases} 1, a > 0 \\ 0, a = 0 \\ -1, a < 0 \end{cases} \tag{6.46}$$

是标志函数，而且

$$\boldsymbol{w} = \frac{\nabla \phi}{|\nabla \phi|} \text{sgn}(\phi^\circ) \tag{6.47}$$

可以看作是具有单位大小和指向界面的特征传播速度。由于距离特性仅需要保留在靠近界面附近的区域中，所以我们仅通过方程（6.45）对 $\tilde{t} = 0, \cdots, m\Delta x$ 进行求解。

方程（6.45）含有带有速度 $\boldsymbol{w}$ 的对流方程形式，因此我们使用二阶 ENO 格式及二阶 Runge – Kutta 格式分别离散化对流项及非稳态项。在重新初始化之后，我们获得了第二个中间 LS 函数 $\phi^{\circ\circ}$，它需要进一步进行校正来满足质量守恒。

6.1.2.7　CLSVOF 算法

为了保证质量守恒，建立在 F 和 ϕ 之间显示函数关系上的迭代校正/耦合方法已经在 2D 和 3D 条件下进行了研究[134,187,189]。在这部分中，建立在 6.1.2.3 节中提出的轴对称条件下代数关系基础上，相似的方法已经被用来校正重新初始化之后的 LS 函数 $\phi^{\circ\circ}$ 以保证质量守恒。换句话说，$\phi^{n+1}_{i,j}$ 需要满足

$$\max\{\,|\,F_{i,j}(\phi_{i,j}^{n+1}, \nabla\phi_{i,j}^{n+1}) - F_{i,j}^{n+1}\,|\,\} \leqslant \varepsilon_0, \forall\, i = 1,2,\cdots, j = 1,2,\cdots$$

(6.48)

$\varepsilon_0 = 10^{-8}$ 是收敛准则，$\phi_{i,j}^{n+1}$ 可以通过以下的迭代过程获得[134,187,189]。

首先我们给出原始猜想 $\phi_{i,j}^{n+1,0} = \phi_{i,j}^{n,\circ\circ}$，如果

$$\max\{\,|\,F_{i,j}(\phi_{i,j}^{n+1,0}, \nabla\phi_{i,j}^{n+1,0}) - F_{i,j}^{n+1}\,|\,\} \leqslant \varepsilon_0, \forall\, i = 1,2,\cdots, j = 1,2,\cdots$$

(6.49)

则迭代停止，我们得到 $\phi_{i,j}^{n+1} = \phi_{i,j}^{n,\circ\circ}$。如果方程（6.49）不能满足，$\phi_{i,j}^{n,\circ\circ}$ 通过对每个单元（i, j）求解以下方程式来迭代地校正，即

$$F_{i,j}(\phi_{i,j}^{n+1,q+1}, \nabla\phi_{i,j}^{n+1,q}) = F_{i,j}^{n+1}, q = 0,1,2,\cdots$$

(6.50)

直到条件式（6.48）被满足，然后得到 $\phi_{i,j}^{n+1} = \phi_{i,j}^{n+1,q+1}$。方程（6.50）通过二分法进行求解。如果导数 $\partial F/\partial\phi$ 是平滑的，Luo 等[189]已经证明，实现质量守恒的这种迭代过程可以系统地收敛。

6.1.3　数值计算结果和分析

本节将利用 6.1.2 节中所述的 CLSVOF 方法对 4 个典型的轴对称、不可压缩和不可混溶的液–气流动问题进行仿真，以验证所提出的就算方法。为了比较，也给出了一些由 Sussman 和 Fatemi[132] 提出的 LS 方法获得的模拟结果，以解决质量增加/损失问题。

6.1.3.1　平衡状态的液滴

首先，在不同的网格分辨率下，我们利用 CLSVOF 方法对一个简单的平衡液滴问题进行了仿真。在这个基准工况下，设定一个球形液滴半径为 $r_0 = 0.5$，密度为 $\rho_L = 1$，动力黏度为 $\mu_L = 1$，周围气体密度为 $\rho_G = 0.001$，周围气体动力黏度为 $\mu_G = 0.02$ 以及表面张力系数为 $\sigma = 1$。此处指定的所有的量均为无量纲形式。这是一个典型的轴对称问题。如图 6.4 所示，起初，球形液滴静态地位于尺寸为（$L_x =$）1.5 ×（$L_y =$）1.5 的正方形计算

区域的中心。在轴对称情况下，我们仅需要在右半区域即图 6.4 所描绘的实线中进行计算。由于没有引力，液滴一直保持为球形状态。

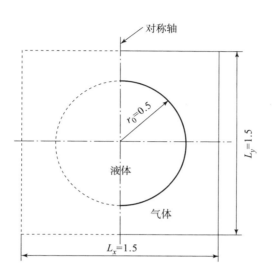

图 6.4　平衡液滴问题的计算域示意图

　　为了数值研究与液 – 气流动相关的动力学，表面张力的准确建模至关重要。在这个平衡液滴问题中，拉普拉斯公式将表面张力与液滴区域内外的压力联系起来[119]：

$$p_{\mathrm{drop}} = p_{\mathrm{gas}} + \sigma\kappa = p_{\mathrm{gas}} + \sigma\left(\frac{1}{R_1} + \frac{1}{R_2}\right) = p_{\mathrm{gas}} + \frac{2\sigma}{r_0} \qquad (6.51)$$

其中，R_1 和 R_2 是表面曲率的主半径，球形液滴条件是 $R_1 = R_2 = r_0$。如果我们起初设定 $p_{\mathrm{gas}} = 0$，那么 $p_{\mathrm{drop}} = 4$。根据 CSF 模型计算出的平均压力定义为

$$\bar{p} = \frac{1}{N}\sum_{i,j}^{N} p_{i,j} \qquad (6.52)$$

式中，N 是包含液相的所有计算单元的数目。

　　计算出的平均压力与理论值 E_1 之间的相对误差定义为

$$E_1 = \frac{|\bar{p} - p_{\mathrm{drop}}|}{p_{\mathrm{drop}}} \qquad (6.53)$$

压力的均方根误差 E_2 定义为

$$E_2 = \sqrt{\frac{1}{N} \sum_{i,j}^{N} \left(\frac{p_{i,j} - p_{\text{drop}}}{p_{\text{drop}}} \right)^2} \tag{6.54}$$

表 6.1 中展示了不同的 Δ（$= r_0/8$，$r_0/16$，$r_0/32$，$r_0/64$，和 $r_0/128$）。界面区域厚度设定为 $\eta = 2\varepsilon = 3\Delta$。从表 6.1 中可以看到，随着网格分辨率的提高，E_1 和 E_2 减少并且液滴的计算压力 $\bar{p}$ 接近具体的数值 $p_{\text{drop}} = 4$。

表 6.1　静态球形平衡液滴的计算压力以及不同网格分辨率下计算值和理论值的误差

Δ	$\bar{p}$	E_1	E_2
$r_0/8$	3.793	5.169×10^{-2}	1.340×10^{-1}
$r_0/16$	3.855	3.614×10^{-2}	1.176×10^{-1}
$r_0/32$	3.943	1.415×10^{-2}	6.730×10^{-2}
$r_0/64$	3.974	6.487×10^{-3}	4.406×10^{-2}
$r_0/128$	3.985	3.650×10^{-3}	3.392×10^{-2}

由于 CSF 模型的平滑性，大多数的压力误差产生于界面转换区域。为了评估界面区域厚度对压力计算精度的影响，我们以恒定的网格分辨率（$\Delta = r_0/32$）对不同 η（$= 2\Delta$，3Δ，4Δ 和 5Δ）的计算和理论之间的误差进行了比较，如表 6.2 所示。除了测量整个液相的误差 E_1 和 E_2 之外，我们还提出了另外两个量，即

$$E_{1,\text{part}} = \frac{|\bar{p}_{\text{part}} - p_{\text{drop}}|}{p_{\text{drop}}} \tag{6.55}$$

其中，$\bar{p}_{\text{part}} = \left(\sum_{i,j}^{N_{\text{part}}} p_{i,j} \right) \Big/ N_{\text{part}}$；

$$E_{2,\text{part}} = \sqrt{\frac{1}{N_{\text{part}}} \sum_{i,j}^{N_{\text{part}}} \left(\frac{p_{i,j} - p_{\text{drop}}}{p_{\text{drop}}} \right)^2} \tag{6.56}$$

其中，N_{part} 是界面区域外的液相中计算单元的数目，即区域 $r < r_0 - \varepsilon$，r 是到液滴中心的距离。从表 6.2 中可以看到，界面区域以外区域的误差通常比整个液相区域的误差小 2 个数量级。随着界面区域厚度的增加，压力计算的精确度会变得比界面区域外的液体区域低。

表 6.2　不同界面区域厚度下，液相区域和部分液相区域

$r < r_0 - \varepsilon$ 的计算压力和压力的误差

η	$\bar{p}$	E_1	E_2	$\bar{p}_{\text{part}}$	$E_{1,\text{part}}$	$E_{2,\text{part}}$
2Δ	3.962	9.483×10^{-3}	5.459×10^{-2}	4.001	2.422×10^{-4}	2.470×10^{-4}
3Δ	3.943	1.415×10^{-2}	6.730×10^{-2}	4.001	3.519×10^{-4}	3.540×10^{-4}
4Δ	3.925	1.874×10^{-2}	7.790×10^{-2}	4.002	5.683×10^{-4}	5.693×10^{-4}
5Δ	3.907	2.330×10^{-2}	8.732×10^{-2}	4.003	8.543×10^{-4}	8.548×10^{-4}

6.1.3.2　自由落体的液滴

在重力下液滴的掉落被仿真用来验证在目前研究中的界面平移算法。如图 6.5 所示，半径为 $r_0 = 0.005$ m，密度为 $\rho_L = 1\,000$ kg/m³，动力黏度为

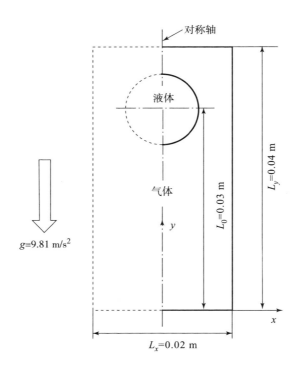

图 6.5　液滴自由下落问题的计算域示意图

$\mu_L = 0$，周围气体密度为 $\rho_G = 1$ kg/m^3，周围气体动力黏度为 $\mu_G = 0$，重力加速度为 $g = 9.81$ m/s^2 以及表面张力系数为 $\sigma = 0.073$ N/m 的球形静止液滴的中心最初位于尺寸为 0.02 m × 0.04 m 长方形计算区域中的点（$x = 0$，$y = 0.03$ m）处。液滴在引力的作用下下落，在 $t = 1.5\,(D_0/g)^{1/2}$ s（$D_0 = 2r_0$ 为液滴的直径）时计算停止，这个时刻早于液滴的最低点接触计算域的底部。网格分辨率设置为 $\Delta = r_0/16$ 以及界面区域为 $\eta = 3\Delta$。在相同的条件下，我们同时还使用 LS 方法进行了相同条件下的仿真，用以比较 LS 方法[132]和 CLSVOF 方法在仿真过程中的不同表现。

在理想的自由下落问题中，液滴下落的垂直速度可表示为 $v_c = -(\rho_L - \rho_G)gt/\rho_L$。图 6.6 展示了通过使用当前的 CLSVOF 方法的计算和通过理论获得的垂直速度 v_c 的时间演变。可以看出，计算结果和理论预测完全吻合。

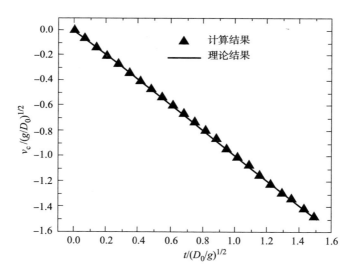

图 6.6　使用目前 CLSVOF 方法的计算结果和理论预测的比较。实三角代表液滴重心垂直速度的计算结果，实直线代表理论结果（$v_c = 0.999gt$）

在这个瞬态问题中，我们比较了 LS 方法和 CLSVOF 方法在质量守恒方面的效果。图 6.7 展示了 LS 方法和 CLSVOF 方法中液体质量比 K_{mass} 的时间演变过程。液体质量比定义为 $K_{\mathrm{mass}} = m^t/m^0$，其中 m^t 为每个时间步液体质量，m^0 为初始时间的液体质量。如图 6.7 所示，即使应用了一个质量守恒的方法，在 LS 方法中的质量比仍然偏离了理论值 $K_{\mathrm{mass}} = 1$。而在 CLSVOF 方法中，随着计算的发展，质量比几乎都保持在 $K_{\mathrm{mass}} = 1$，这说明 CLSVOF 方法在质量守恒方面表现出更好的性能。

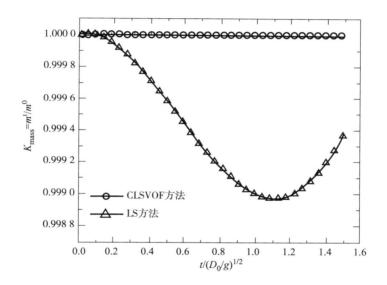

图 6.7　液滴下落问题中 CLSVOF 方法和 LS 方法在质量守恒效果方面的比较。空心圆代表 CLSVOF 方法的质量比 K_{mass}，空心三角代表 LS 方法的质量比 K_{mass}

6.1.3.3　单气泡上升

由于浮力的作用，单个气泡在周围静止黏性液体中上升是另一个典型的两相流动问题[162]，经常被用来验证气液流动的数值计算方法[134,137,185]。先前的实验研究已经证明，在上升过程中球形气泡会发生变形，并且如果周围液体层足够厚，气泡会最终达到一个稳定的形态。气泡的最终形状和终态上升速度在不同的流态下变化巨大，这取决于 4 个无量纲常数，即密度比 $\rho_{\mathrm{L}}/\rho_{\mathrm{G}}$、黏度比 $\mu_{\mathrm{L}}/\mu_{\mathrm{G}}$、邦德数 $Bo = \rho_{\mathrm{L}}gD_0^2/\sigma$（其中 D_0 是气泡的直径）

以及雷诺数 $Re = \rho_L g^{1/2} D_0^{3/2}/\mu_L$。

在这种情况下，我们考虑一个半径为 $r_0 = 0.005$ m 的球形气泡，该球形气泡最初位于尺寸为 0.04 m × 0.10 m 的液体区域中的位置（0，0.015 m），如图 6.8 所示。计算区域中右部和底部的边界设置为非滑移边界。密度比 $\rho_L/\rho_G = 1\,000$，黏度比 $\mu_L/\mu_G = 100$，$Bo = 116$ 以及 $Re = 23.06$。这个工况和之前 Bhaga 和 Weber[192] 所实施的一个实验工况相同。本仿真中所采用的网格分辨率是 $\Delta = r_0/12.5$ 并且界面区域是 $\eta = 3\Delta$。在气泡上升问题中，这个网格分辨率已足够精细以用来捕获主要的动力学特性。计算在无量纲的时间 $t^* = t/(D_0/g)^{1/2} = 6$ 时停止，此时上自由液体表面的影响可以忽略不计。

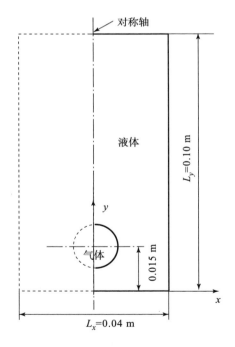

图 6.8 单个气泡上升问题中的计算域示意图

图 6.9 展示了气泡形态（从 CLSVOF 方法中获得）的时间演变过程以及气泡最终形态在计算结果（从 CLSVOF 方法和 LS 方法中分别获得）与

实验结果[193]的比较。如图 6.9 所示，计算的气泡最终形态和实验观察一致。虽然从 LS 方法中计算的气泡最终形态和 CLSVOF 方法中相似，但是整个的气泡像是被"压缩"的。图 6.10 展示了 LS 方法和 CLSVOF 方法中气泡质量比 K_{mass} 的时间演变过程。它清晰地展示出气相质量在 LS 方法中显著上升，而在 CLSVOF 方法中，质量比始终保持一致。

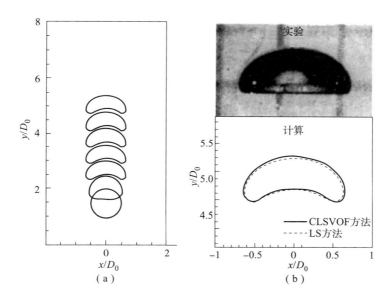

图 6.9 实线和虚线代表在 $t^* = 6$ 时刻下分别从 CLSVOF 方法和 LS 方法中获得的气泡最终形态

（a）CLSVOF 方法得到的由 $t^* = 0$ 开始不同时刻下的气泡形态，间隔 $dt^* = 1$；（b）气泡最终形态在计算结果和实验观察[193]中的比较

为了进一步定量地评估从 CLSVOF 方法中获得的计算结果，我们比较了在计算和实验中气泡稳态上升速度的差异，如图 6.11 所示。可以发现，计算得到的无量纲稳态上升速度为 $V^{\circ}_{cal} = V_{cal} / (gD_0)^{1/2} = 5.80$，这个结果和实验中所观察到的速度（$V^{\circ}_{exp} = 5.77$）吻合得很好。

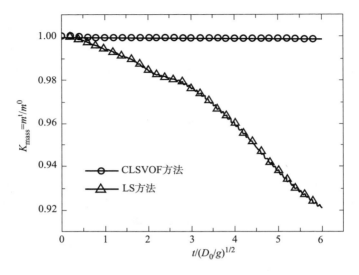

图 6.10　在气泡上升问题中关于目前 CLSVOF 方法和 LS 方法中质量守恒效果的比较

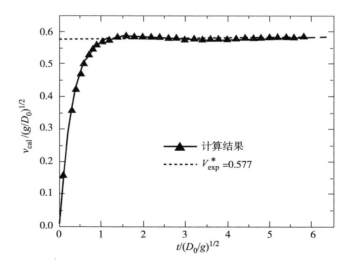

图 6.11　通过本计算所得到的气泡上升速度的时间演变。虚线代表在 Bhaga 和 Weber[192] 实验中所观察到的气泡上升速度

6.1.3.4　Rayleigh – Taylor 不稳定性

当加速度由较重流体指向较轻流体时，在界面会发生 Rayleigh – Taylor（R – T）不稳定性。这种现象广泛存在于很多研究领域中[194]。在 R – T 不稳定性中，对于较小的表面变形，液体表面上的初始无穷小扰动呈指数增长。随着表面扰动振幅的增加，非线性效应逐渐占据主导地位，扰动的液体波峰部分在惯性加速度作用下自由增长而液体波谷部分以恒定速度 W 沉降。线性发展阶段的指数增长率由线性理论得出如下：

$$\alpha = \sqrt{kAa_t - \frac{\sigma k^3}{\rho_G + \rho_L}} \qquad (6.57)$$

式中，k 是初始扰动的波数；A 是作用在流体上的惯性加速度；$a_t = (\rho_L - \rho_G)/(\rho_L + \rho_G)$ 是阿特伍德数。

Davis 和 Taylor[195] 以及 Layzer[196] 所提出的理论分析已经表明，在轴对称情况下，在稳定状态下波谷部分连续速度的大小可以表示为

$$W = C \sqrt{A\lambda} \qquad (6.58)$$

式中，$\lambda = 2\pi/k$ 是最初扰动的波长；$C = 0.328$[195] 或 $C = 0.361$[196] 是常数。

如图 6.12 所示，我们考虑了圆柱形容器中的 R – T 不稳定性，其恒定惯性加速度为 $A = 2.19$ m/s^2，指向上方，以验证当前的 CLSVOF 算法。液体厚度设置为 $h_1 = \lambda = 2R_0 = 0.1$ m 来排除底部壁面的影响，R_0 是圆柱形容器的半径。气体厚度设置为 $h_2 = 1.5\lambda$ 来允许大的表面变形。由液体密度 $\rho_L = 1\,000$ kg/m^3，$\rho_G = 1$ kg/m^3 算得的阿特伍德数为 $a_t = 0.998$，假定流体无黏，即 $\mu_L = \mu_G = 0$，表面张力系数为 $\sigma = 0.073$ N/m。液体表面最初受到垂直速度分布 $v_s = -v_{s0}\cos(kx)$ 的干扰，其中 $v_{s0} = 0.023$ m/s。网格分辨率为 $\Delta = \lambda/64$ 以及界面厚度为 $\eta = 3\Delta$。当无量纲时间为 $t^* = t/(\lambda/A)^{1/2} = 2.5$ 时计算停止。将线性发展阶段的指数增长率和非线性发展阶段液体底部（即界面的最低点）的恒定沉降速度与理论结果进行了比较。

图 6.13 展示了不同时刻 R – T 不稳定性下的表面形状。在向上惯性加

速度的作用下，液相以尖峰（spike）形式发展到气相中，由于毛细作用，其尖端趋于收缩和破碎。另外，发展到液体中的气相尖峰前端相当宽且平滑。图 6.14 展示了液体波谷底部高度 h_trough 的时间演变过程，并和线性理论进行了对比。在线性假设下，h_trough 有一个解析解可以表达为

$$h_\text{trough} = h_1 - \frac{v_{s0}}{\alpha}\sinh(\alpha t) \qquad (6.59)$$

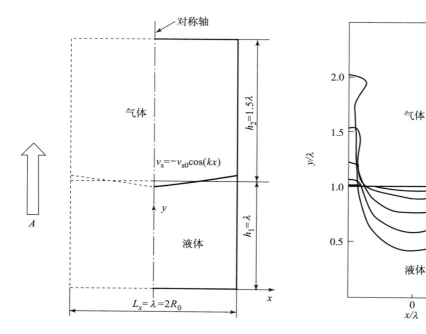

图 6.12　R – T 不稳定性的计算域示意图

图 6.13　在 R – T 不稳定性中，从 $t^* = 0$ 开始时间间隔 $dt^* = 0.5$ 的液面变形形状

其中，$\alpha = 10.92\ \text{s}^{-1}$ 是根据本研究中考虑的条件下由方程（6.57）计算的。在图 6.14 中可以看到，在早期的发展阶段，当表面变形幅度小于 0.1λ 时，计算结果与线性理论得出的结果吻合良好。随着表面变形的增加，线性假设不再有效且非线性效应逐渐占据主导地位，这导致了线性理论结果和计算结果的偏差。

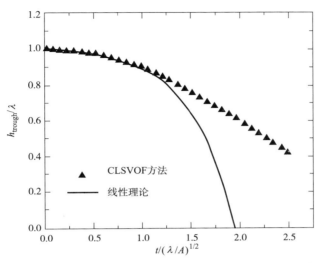

图 6.14　使用 CLSVOF 方法（实三角）和线性理论（实线）所得出的液体波谷底部高度的时间演变过程

如上所述，与 R – T 不稳定性相关的一种典型的非线性特征是液体波谷的恒定沉降速度。我们通过比较关于 CLSVOF 方法和先前理论（方程 (6.58)）中的恒定速度来检测在 CLSVOF 方法在捕获 R – T 不稳定性非线性动力学特性的效果。图 6.15 展示了液体波谷底部垂直速度的时间演变

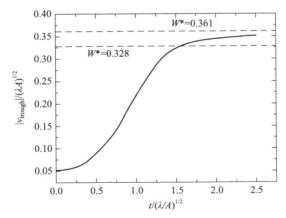

图 6.15　液体波谷底部垂直速度大小的时间演变过程。虚线代表从 Davies 和 Taylor[195]（$W^* = 0.328$）和 Layzer[196]（$W^* = 0.361$）通过理论分析获得的液体波谷底部恒定速度值

过程。可以看出，无量纲速度最终在一个恒定值 $W^* = W/(\lambda A)^{1/2} = 0.350$ 处达到饱和，这个计算值介于 Davies 和 Taylor[195] 理论得到的 0.328 和 Layzer[196] 理论得到的 0.361 之间。这个计算数值也和 Davies 和 Taylor[195] 的实验结果（位于 0.330 ~ 0.346）一致。这些都验证了本节所提出 CLSVOF 方法的准确性。

6.2 Faraday 不稳定性下液滴表面变形及液线生成机理

本节将利用 6.1 节的数值仿真方法，研究 Faraday 不稳定性下液滴表面变形及液线生成机理。首先，对仿真模型进行网格无关性校核和实验验证；然后，通过综合分析液滴的压强场、速度场和表面波位移等微观信息，研究 Faraday 不稳定性下表面波诱导液滴雾化的机理。

由第 3 章的线性理论分析可知，液滴表面仰角 $\theta = 0°$ 位置处表面波的不稳定性最强，最容易发生雾化。此时，惯性力的法向分量最大且全部作用于液滴表面的法向扰动波，所以为了缩短数值仿真的计算时间，本节将物理模型中的垂直正弦加速度调整为法向正弦加速度，在直角坐标系下可表示为

$$A = \Delta_0 \omega^2 \sin(\omega t)\sin\theta \cdot e_x + \Delta_0 \omega^2 \sin(\omega t)\cos\theta \cdot e_y \qquad (6.60)$$

这样的调整仅仅加快了液滴表面发生雾化的速度，并没有改变 Faraday 不稳定性下表面波诱导液滴雾化的本质，但是却大大节省了计算时间和存储空间。

另外，虽然在周向表面张力的作用下，二维与三维的数值仿真结果之间会存在一定的差异，但是前人的仿真研究工作[96,98,197,198]已经充分证实周向表面张力对液体雾化特性的影响很小。因此，本节基于二维轴对称仿真模型研究 Faraday 不稳定下液滴雾化的机理。

仿真工况的参数设置见表 6.3。其中，无量纲参数的数值以 200 μL 蒸馏水液滴的物性参数为基础进行计算。

表 6.3　仿真工况的参数设置（机理研究）

Cases	Re_{sim}	We_{sim}	Bo_{sim}	$\rho_{G/L}$	$\mu_{G/L}$	对应章节
S – A	10^6	10^4	1.0	0.02	0.018	6.2.1.1
S – B	139 720	26 906	1.0	0.001 2	0.018	6.2.1.2
S – C	10^6	2.0×10^3	1.0	0.02	0.018	6.2.2.1 – 6.2.2.3

6.2.1　网格校核和实验验证

6.2.1.1　网格无关性的校核

仿真工况如表 6.3 中的 Case S – A 所示，计算停止时间设为 t_{stop} = 6.0T。

两相流数值仿真的误差主要取决于气液交界面的精细程度，本节设交界面的厚度 ε = 1.5Δ。图 6.16 为不同网格分辨率下液滴表面 Faraday 波的仿真结果。其中，取 VOF 函数来描绘液滴的表面波轮廓，当函数值为 1

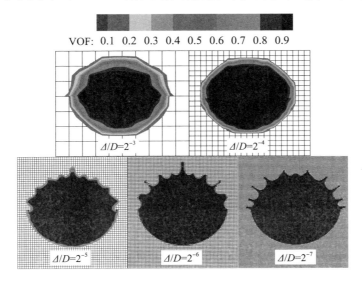

图 6.16　不同网格分辨率下液滴 Faraday 波的仿真结果（Case S – A）

时，表示液体（图像与端）；当函数值为 0 时，表示气体（省略未画）。每张图片均包含两个时刻：$t = 0$（图片下半部）和 $t = 1.8T$（图片上半部），分别对应液滴的初始状态和某一变形状态。

如图 6.16 所示，当 $t = 0$ 时，随着网格分辨率的提高，液滴的形状逐渐由不规则的多边形变为光滑的圆弧形。其中，当 $\Delta/D = 2^{-6}$ 时，液滴的圆弧已经足够清晰和光滑，并且与 $\Delta/D = 2^{-7}$ 时的液滴圆弧相比，两者的外形几乎没有差别。当 $t = 1.8T$ 时，随着网格分辨率的提高，液滴表面波的形状也越来越清晰。其中，当 $\Delta/D = 2^{-3}, 2^{-4}$ 时，由于网格分辨率小于表面波的波长，捕捉不到液滴表面的变形，所以液滴的形状几乎与初始时刻的形状相同；当 $\Delta/D = 2^{-5}$ 时，网格分辨率大于表面波的波长，虽然能够捕捉到液滴表面的变形，但是表面波的轮廓较为模糊；当 $\Delta/D = 2^{-6}$ 时，不仅能够捕捉到液滴表面的变形，而且每个表面波的轮廓都十分清晰，也能够很好地捕捉到实验中的液体尖钉，并且与 $\Delta/D = 2^{-7}$ 相比，两者表面波外轮廓的精度也相差不大。其中，它们表面波形状不一致的原因为：由于在大自然条件下扰动是随机的，所以为了使仿真和实验保持高度一致，在数值仿真中设置的初始条件也为随机扰动，从而导致两者表面波的发展进程不一致；但是通过对比发现，它们表面波的模态数是一致的。

图 6.17 为不同网格分辨率下的仿真计算时间。如图 6.17 所示，随着网格分辨率的提高，仿真计算所消耗的时间不断变长，并近似呈指数增加。其中，$\Delta/D = 2^{-7}$ 的计算时间约为 190 h，近似是 $\Delta/D = 2^{-6}$ 的计算时间的 20 倍。

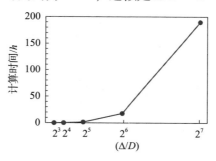

图 6.17   不同网格分辨率下的仿真计算时间（Case S – A）

因此，以花费尽可能小的计算成本来获取尽可能精确的计算结果为原则，选取网格分辨率 $\Delta = D/2^6 = D/64$ 进行后续的仿真研究，不仅能够清晰地捕捉到液滴表面波的发展过程，而且计算所消耗的时间较短。

6.2.1.2　仿真结果与实验结果的对比

由 2.3.1.1 小节母液滴的雾化过程可知，液滴从静止到表面产生明显变形大约需要 $5T$ 的时间，从明显变形到发生雾化大约需要 $19T$ 的时间。总的来讲，实验液滴从静止到发生雾化基本上至少需要 $20T$ 的时间。这对于数值仿真来说，时间成本过高。为了缩短计算时间，在不改变 Faraday 不稳定性下表面波诱导液滴雾化的本质前提下，将数值仿真中的垂直正弦惯性力调整为法向正弦惯性力；另外，在流体物性和加速度频率保持不变的条件下，进一步增大加速度的振幅，即保持其他无量纲参数不变，仅增大 Bo_{sim}，从而加快液滴表面进行变形和雾化的速度。

图 6.18 为 Case S－B 下液滴表面随时间变形和雾化的仿真结果，其所对应的实验工况为表 2.2 中的 Case E－B。如图 6.18 所示，液滴表面随时间变形和雾化的仿真结果与实验结果十分相似，均随着时间的推移，先在液滴的表面出现驻波，然后随着表面驻波的振幅不断增大，并形成尖钉，最后在尖钉的顶部发生破碎，雾化出子液滴。此外，仿真还能够很好地描绘出尖钉的形状，并且能够捕捉到尖钉发展和破碎的细节特征。由图 6.18 还可知，仿真液滴表面波的模态数 $l = 16 \times 2 = 32$（见 $t = 1.4T$ 时刻），与实验液滴表面波的模态数相同，并且通过测量得到仿真子液滴的直径大约为 $d = 0.38\mathrm{mm}$（见 $t = 1.8T$ 时刻），也与实验子液滴的平均直径（见图 2.24）相吻合。

因此，通过仿真与实验之间的定性和定量对比可知，本书所建立的仿真模型是准确的，计算结果是可靠的，能够用于研究 Faraday 不稳定性下液滴雾化的机理及无量纲参数对液滴雾化特性的影响规律。

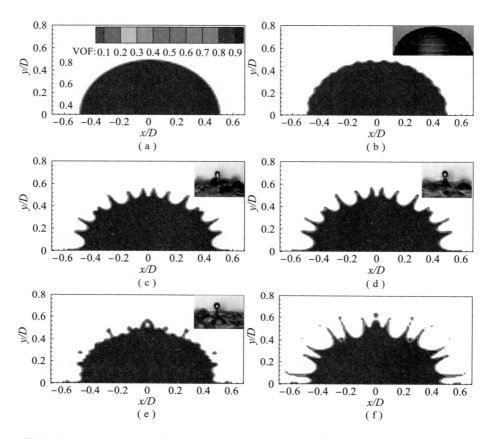

图6.18　Case S－B下液滴表面随时间变形和雾化的仿真结果及实验对比（见彩插）

（a）$t=0$；（b）$t=1.0T$；（c）$t=1.4T$；（d）$t=1.6T$；（e）$t=1.8T$；（f）$t=2.6T$

6.2.2　液滴雾化的机理研究

由于在实际中液滴表面产生的是亚简谐（$k=1$）的Faraday不稳定性，所以本节以亚简谐的仿真工况为例，研究液滴在Faraday不稳定性下发生雾化的机理。

仿真工况如表6.1中的Case S－C所示，为了便于观察，取小模态数（即小We_{sim}数）下液滴雾化的过程进行分析。

6.2.2.1　液滴的压强场

图 6.19 为 Case S – C 下液滴随时间发展的压强场。其中，黑色曲线为

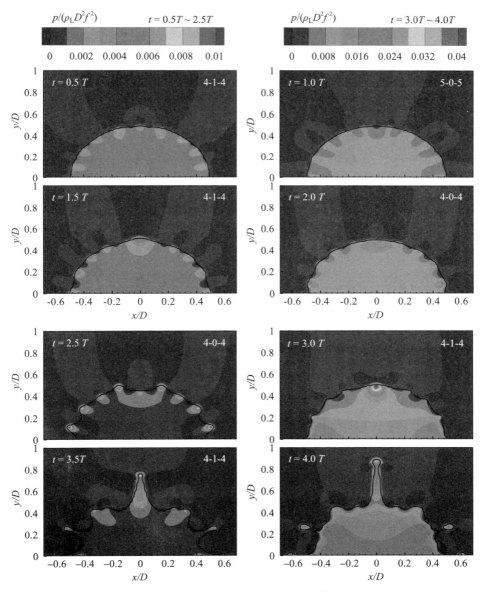

图 6.19　Case S – C 下液滴随时间发展的压强场

液滴表面波的轮廓线。如图 6.19 所示，在惯性力和表面张力的作用下，液滴表面沿圆周方向出现了一些近似均匀分布的高压区域，并且这些高压区域的位置会随着时间的推移进行周期性的转换，即高压变低压、低压变高压。

当 $t = 0.5T$ 时，圆周上共分布了 9 个高压区，其中在圆弧的顶部分布 1 个，在圆弧的两侧各分布 4 个，定义此刻表面压强的模态为 4 - 1 - 4。通过观察液滴表面波的位移可知，此时弧顶处于表面波的波峰位置。

当 $t = 1.0T$ 时，圆周上共分布了 10 个高压区，其中在弧顶的两侧各分布 5 个，则此刻表面压强的模态为 5 - 0 - 5，此时弧顶处于表面波的平衡位置。通过对比这两个时刻下高压区的位置可以发现，它们的高压区在沿圆周方向上是依次交替分布的，就像两个相互啮合的齿轮一样，从而推断：液滴表面压强具有驻波的特征，随着时间的推移，高压区和低压区之间会进行相互转变。

当 $t = 1.5T$ 时，虽然从表面上看，压强的模态由 5 - 0 - 5 转变为 4 - 1 - 4，但是本质上压强的模态并没有发生改变，仍然为 5 - 0 - 5。这是因为高压区在圆周上的分布位置并没有改变，只是高压区的压强在增大的过程中，由于位于弧顶两侧高压区的压强变得更大并且相距较近，从而导致它们在弧顶处融合成了一个高压区。为了便于叙述，直观地定义此刻表面压强的模态为 4 - 1 - 4，此时弧顶处于表面波的波峰位置。需要注意的是，这里的压强模态 4 - 1 - 4 与 $t = 0.5T$ 时刻的压强模态 4 - 1 - 4 是不同的，它们的相位相差 π。

当 $t = 2.0T$ 时，虽然从表面上看，压强模态转变为 3 - 1 - 3，但是实际上压强的模态转变为 4 - 0 - 4。这是因为当弧顶的高压区向低压区转变的过程中，弧顶处的压强虽然逐渐降低，但是由于在 $t = 1.5T$ 时刻形成的弧顶高压区的压强很大，从而导致当 $t = 2.0T$ 时弧顶处的压强依然较大，并与附近两侧新形成的两个高压区融合在一起，形成一个高压区。因此，$t = 2.0T$ 时刻表面压强的模态本质上为 4 - 0 - 4，此时弧顶处于表面波的平衡位置。

当 $t = 2.5T$ 时，表面压强的模态保持为 $4-0-4$，此时弧顶区域的压强较低，可以很容易区分出之前融合在一起的两侧高压区。另外，此时弧顶处于表面波的波谷位置。

当 $t = 3.0T$ 时，表面压强的模态转变为 $4-1-4$，此时弧顶处于表面波的平衡位置。

当 $t = 3.5T$ 时，表面压强的模态保持为 $4-1-4$，其中侧边有两个高压区几乎要融合在一起，此时弧顶处于表面波的波峰位置。

当 $t = 4.0T$ 时，液滴发生雾化。

综上所述，由液滴的压强场可推测，液滴表面沿圆周方向的压强具有驻波的特征，表面压强的高压区和低压区会随时间进行相互转变。从 $t = 1.5T$ 时刻到 $t = 3.5T$ 时刻，压强的模态先由 $4-1-4$ 转变为 $4-0-4$，随后保持 $4-0-4$，然后再转变为 $4-1-4$，再保持 $4-1-4$。其间，模态转变了两次，即高压区和低压区相互转变了两次。由不同时刻下弧顶处于表面波的位置可知，表面压强的模态与液滴表面波的位移相关。以弧顶处表面波的位移为例，当表面压强的模态发生转变时，弧顶总是处于表面波的平衡位置，即压强的模态发生转变对应于液滴表面波的位移方向发生转变；另外，表面压强的模态发生转变之后均会保持 $0.5T$ 的时间，可推测保持模态中的 0 对应于表面波的波谷，保持模态中的 1 对应于表面波的波峰。

图 6.20 为 Case S – C 下液滴弧顶及其相邻两侧压强随时间的变化规律。其中，相邻两侧压强的取点位置与弧顶相距半个表面波波长。

如图 6.20 所示，随着时间的增加，弧顶及其相邻两侧

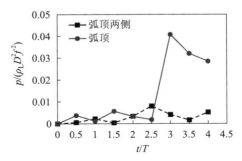

图 6.20　Case S – C 下液滴弧顶及其相邻两侧压强随时间的变化规律

的压强均呈现周期性的波动，并且它们波动的相位是相反的。此外，随着时间的增加，弧顶及其相邻两侧的压强都不断增加，且当 $t = 3.0T$ 时，弧顶处的压强达到最大，并在弧顶处形成一个高压区（见图 6.19）。此时弧顶表面波处于平衡位置，然后随着时间的推移，弧顶的位移迅速增大，最大压强逐渐降低，最终弧顶表面波变成尖钉并发生雾化。

6.2.2.2 液滴的表面波位移

为了探明表面压强不断增加的原因，图 6.21 展示了 Case S – C 下液滴所受惯性力与弧顶位移的相位关系。其中，为了便于区分，将弧顶区域长度为 1.5 倍波长的表面波划分成两部分，分别定义为弧顶表面波和相邻两侧表面波。

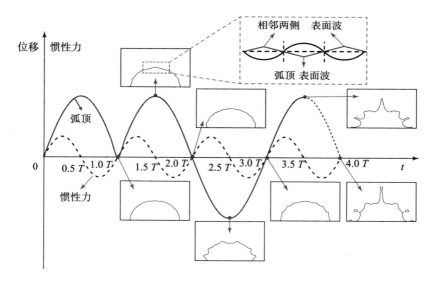

图 6.21 Case S – C 下液滴所受惯性力与弧顶位移的相位关系示意图

由图 6.21 可知，当 $0 < t < 0.5T$ 时，惯性力为正，弧顶表面波向上运动，则惯性力对弧顶表面波作正功，从而促使弧顶表面波的位移增加，动能增大；随着弧顶表面波位移的增加，曲率将增大，从而导致表面张力不

断增加，然而惯性力是随时间先增大后减小的，所以当表面张力大于惯性力时，弧顶表面波的动能开始减小，其压力势能将不断增加，且在 $t = 0.5T$ 时弧顶表面波的位移和压力势能均达到最大。

当 $0.5T < t < 1.0T$ 时，一方面弧顶表面波在表面张力的作用下向下运动，压力势能转化为动能；另一方面，惯性力为负，继续对弧顶表面波作正功，从而促使弧顶表面波的动能进一步增大。其中，弧顶表面波的一部分能量会传递给其相邻两侧表面波，从而使相邻两侧表面波的能量增加。因此，在 $t = 1.0T$ 时，弧顶表面波的压强降低，相邻两侧表面波的压强升高。

当 $1.0T < t < 1.5T$ 时，同理，惯性力对相邻两侧表面波作正功，促使相邻两侧表面波的位移和动能继续增大，然后当表面张力大于惯性力时，相邻两侧表面波的动能转化为压力势能，最终在 $t = 1.5T$ 时，相邻两侧表面波的位移和压强达到最大。由于此时相邻两侧表面波的位移较大且相距较近，导致它们在弧顶处发生融合，并形成了一个新的弧顶表面波（见图 6.19）。

当 $1.5T < t < 2.0T$ 时，新弧顶表面波在表面张力和惯性力的共同作用下，动能又进一步增大，并传递能量给相邻两侧表面波。因此，在 $t = 2.0T$ 时，弧顶表面波的压强降低，相邻两侧表面波的压强升高。

当 $2.0T < t < 2.5T$ 时，惯性力对弧顶表面波作负功，对相邻两侧表面波作正功，从而促使弧顶表面波的压强继续降低，相邻两侧表面波的压强进一步升高。

当 $2.5T < t < 3.0T$ 时，相邻两侧表面波的压力势能转化为动能，且惯性力对相邻两侧表面波作正功，促使其动能进一步增大，并将能量传递回给弧顶表面波。正是由于这些表面波能够一直循环地从惯性力吸收能量、储存能量、传递能量，所以在 $t = 3.0T$ 时弧顶处的压强才能达到最大。

当 $3.0T < t < 3.5T$ 时，弧顶表面波继续从惯性力吸收能量，其位移和动能进一步增大，正如实验研究 2.3.1.3 小节所述，表面波从惯性力吸收

能量，位移振幅变大，形成尖钉，并且尖钉顶部要具有足够大的动能，才能出现当 $3.5T < t < 4.0T$ 时弧顶表面波的顶部液体继续向上运动，而底部液体向下运动，最终在表面波的中部发生破碎。

6.2.2.3 液滴的速度场

为了进一步探明相邻表面波之间能量传递的途径以及尖钉破碎的原因，图 6.22 展示了 Case S – C 下部分时刻液滴的速度场。其中，右边半图是左边半图中虚线框部分的局部放大图，灰色小箭头表示速度向量，空心箭头表示该时刻下正弦惯性力的方向，实心箭头表示流体的流动方向。

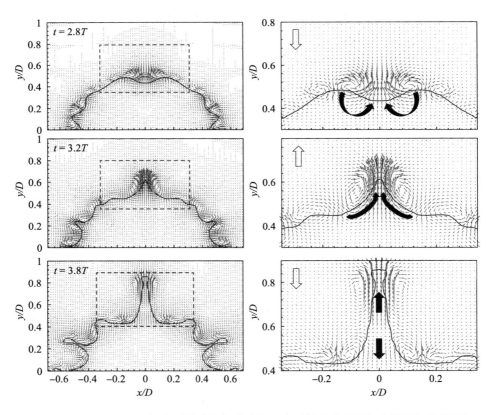

图 6.22　Case S – C 下部分时刻液滴的速度场（右边是左边虚线框中的局部放大图）

如图 6.22 所示，

当 $t = 2.8T$ 时，惯性力为负，相邻两侧表面波整体向下作加速运动，由于相邻两侧表面波与弧顶表面波之间存在压强差，导致相邻两侧表面波的部分液体会同时向弧顶方向流动，如实心箭头所示，并在弧顶处发生碰撞，使两侧表面波的动能转化为弧顶表面波的压力势能，从而导致当 $t = 3.0T$ 时弧顶处的压强达到最大。

当 $t = 3.2T$ 时，惯性力为正，弧顶表面波整体向上作加速运动，并且由于惯性，相邻两侧表面波的液体仍会继续向弧顶方向流动，如实心箭头所示，从而导致更多的流体进入弧顶区域，进而促使弧顶表面波的位移持续增大，最终形成尖钉。

当 $t = 3.8T$ 时，惯性力为负，此时弧顶表面波原本应该向下运动，但是由于尖钉顶部液体的动能较大，从而导致尖钉的顶部液体仍然保持向上运动，而尖钉的底部液体向下运动，如实心箭头所示。当尖钉顶部与底部之间的速度差足够大时，顶部液体将摆脱表面张力的束缚，从尖钉中喷射出来，最终形成子液滴。

综上所述，液滴在 Faraday 不稳定性下发生雾化是惯性力和表面张力共同作用的结果，是一个不断吸收能量、储存能量、转换能量、传递能量，并最终爆发的过程。

6.3　无量纲参数对液滴雾化特性的影响规律

本节将利用 6.1 节的数值仿真方法，主要研究无量纲参数（包括邦德数、气液密度比、气液黏性比、韦伯数以及雷诺数）对液滴表面波平均波长和雾化时间的影响规律，完善 Faraday 不稳定性下液滴雾化的子液滴平均直径经验公式的无量纲形式，确定液滴雾化的临界条件。

本节仍然采用 6.2 节中的仿真设置，设交界面的厚度 $\varepsilon = 1.5\Delta$ ，设网

格分辨率 $\Delta = D/2^6 = D/64$。

为了节省计算成本，本节仍然利用二维轴对称仿真模型，研究 Faraday 不稳定下液滴雾化的临界条件。

仿真工况的参数设置见表 6.4。其中，无量纲参数的数值以 200 μL 蒸馏水液滴的物性参数为基础进行计算。

表 6.4 仿真工况的参数设置（特性研究）

Cases	Re_{sim}	We_{sim}	Bo_{sim}	$\rho_{G/L}$	$\mu_{G/L}$	对应章节
S – D	10^6	10^5	$0.2 \sim 2.0$	0.02	0.018	6.3.1.1
S – E	10^6	10^5	1.0	$0.001 \sim 0.2$	0.018	6.3.1.2
S – F	10^6	10^5	1.0	0.02	$0.001 \sim 1.0$	6.3.1.3
S – G	10^6	$3.0 \times 10^2 \sim 10^5$	1.0	0.02	0.018	6.3.1.4
S – H	$10^3 \sim 10^6$	10^5	1.0	0.02	0.018	6.3.1.5
S – I	$3.0 \times 10^2 \sim 10^6$	$10^3 \sim 10^5$	—	0.02	0.018	6.3.2.1 – 6.3.2.2

6.3.1　无量纲参数的影响规律分析

对于二次雾化模型，液滴表面波的波长和雾化时间是两个比较重要的特征参数，分别影响雾化子液滴的直径和母液滴的雾化速度。子液滴的直径越小，以及雾化速度越快，则喷雾蒸发越快，物理滞燃期越短。

因此，本节将主要研究各无量纲参数对这两个特征参数的影响规律。其中，定义波长表示液滴上所有表面波的平均波长，定义雾化时间表示液滴第一次发生雾化时所用的时间。

6.3.1.1　邦德数的影响

仿真工况如表 6.4 的 Case S – D 所示。图 6.23 为邦德数 Bo_{sim} 对波长和雾化时间的影响规律。

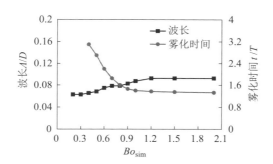

图 6.23　邦德数对波长和雾化时间的影响规律（Case S－D）

如图 6.23 所示，随着 Bo_{sim} 的增加，液滴表面波的平均波长逐渐增大，但是增加的幅度并不大。这是因为随着 Bo_{sim} 的增加，表面波的位移振幅会逐渐变大，从而可能会导致某两个相距较近的表面波融合在一起，并形成一个波长较大的表面波，进而使液滴表面波的平均波长变大。同时，平均波长随 Bo_{sim} 的变化规律与实验研究 2.3.2.2 小节中雾化子液滴平均直径随加速度振幅的变化规律相一致。因此，相邻表面波之间位移的相互融合也可以看作是雾化子液滴的平均直径随加速度振幅的增加而轻微增大的原因之一。

随着 Bo_{sim} 的增加，雾化时间先迅速减少，然后逐渐趋于收敛，表明 Bo_{sim} 越大，液滴越容易发生雾化。但是，雾化时间不会随着 Bo_{sim} 的增加而变得无穷小，这是因为表面波需要一定的时间从惯性力吸收足够的能量之后才能发生雾化。不难理解，理论上表面波至少需要 $1.0T$ 的时间来吸收能量。

6.3.1.2　气液密度比的影响

仿真工况如表 6.4 的 Case S－E 所示。图 6.24 为气液密度比 $\rho_{G/L}$ 对波长和雾化时间的影响规律。

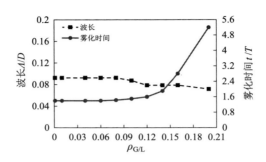

图 6.24 气液密度比对波长和雾化时间的影响规律（Case S-E）

如图 6.24 所示，随着 $\rho_{G/L}$ 的增加，波长逐渐减小，但是减小的幅度很小；随着 $\rho_{G/L}$ 的增加，雾化时间先近似保持不变，然后迅速增大。这与线性理论分析得到的规律相同，$\rho_{G/L}$ 越大，线性增长率越小，液滴的不稳定性越弱，所以随着 $\rho_{G/L}$ 的增加，液滴的雾化时间越长。

通过对比图 6.24 和图 6.23 可以发现，$\rho_{G/L}$ 对波长和雾化时间的影响规律与 Bo_{sim} 的影响规律是相反的。增加 $\rho_{G/L}$，即增加液滴的背景密度，会导致表面波增长的阻力变大，等同于减小惯性力，即减小 Bo_{sim}。此外，由图 6.24 还可以得到，当 $\rho_{G/L} < 0.1$ 时，可以忽略气体密度对波长和雾化时间的影响。

6.3.1.3 气液黏性比的影响

仿真工况如表 6.4 的 Case S-F 所示。图 6.25 为气液黏性比 $\mu_{G/L}$ 对波长和雾化时间的影响规律。其中，横坐标为对数坐标，纵坐标为笛卡尔坐标。

如图 6.25 所示，随着 $\mu_{G/L}$ 的增加，波长和雾化时间均保持不变，表明 $\mu_{G/L}$ 对波长和雾化时间没有影响，即对雾化子液滴的直径和液滴雾化的加速度阈值没有影响。这是因为虽然增加 $\mu_{G/L}$ 会导致表面波增长的阻力变大，但是由于 Re_{sim} 一直保持不变，即惯性力与黏性力之比保持不变，液滴所受到的惯性力也同时变大了，所以 $\mu_{G/L}$ 对波长和雾化时间没有影响。

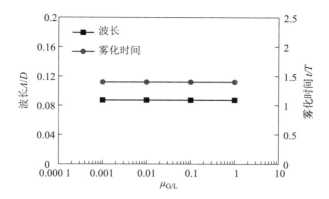

图 6.25　气液黏性比对波长和雾化时间的影响规律（Case S – F）

6.3.1.4　韦伯数的影响

仿真工况如表 6.4 的 Case S – G 所示。图 6.26 为韦伯数 We_{sim} 对波长和雾化时间的影响规律。其中，横坐标为对数坐标，纵坐标为笛卡尔坐标。

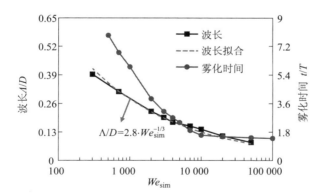

图 6.26　韦伯数对波长和雾化时间的影响规律（Case S – G）

如图 6.26 所示，随着 We_{sim} 的增加，波长不断减小，并有逐渐趋于收敛的趋势。其中，灰色虚线表示波长与 We_{sim} 的拟合函数关系

$$\Lambda_{sim} = 2.8 \cdot D \cdot We_{sim}^{-1/3} \tag{6.61}$$

将式（6.61）与 3.5.2 节中由线性理论分析得到的液滴表面最不稳定

模态扰动波的波长表达式（3.92）进行对比，并将式（3.92）进行如下转化：

$$\Lambda = 2\pi \left(\frac{\alpha}{\rho_L}\right)^{1/3} \cdot \left(\frac{2}{\omega}\right)^{2/3}$$

$$= 2\pi \cdot \left(\frac{1}{\pi}\right)^{2/3} \cdot \left(\frac{\alpha}{\rho_L}\right)^{1/3} \cdot \left(\frac{1}{f}\right)^{2/3}$$

$$= (8\pi)^{1/3} \cdot D \cdot We_{sim}^{-1/3} \qquad (6.62)$$

其中，$(8\pi)^{1/3} \approx 2.8$，表明数值仿真的液滴表面波平均波长与线性理论分析的结果相一致。将式（6.61）代入 Lang 公式（3.90）中，即可得雾化子液滴平均直径经验公式的无量纲形式为

$$d_m^* = d_m/D = (1.0 \pm 0.1) \cdot We_{sim}^{-1/3} \qquad (6.63)$$

此外，由图 6.26 还可以得到，随着 We_{sim} 的增加，雾化时间先迅速减少，然后趋于收敛，当 $We_{sim} > 10^4$ 时，雾化时间基本保持不变。表明 We_{sim} 越大，液滴越容易发生雾化，且雾化时间也不会随着 We_{sim} 的增加而变得无穷小。当 $We_{sim} > 10^4$ 时，表面张力对雾化时间的影响可以忽略。

6.3.1.5 雷诺数的影响

仿真工况如表 6.4 的 Case S – H 所示。图 6.27 为雷诺数 Re_{sim} 对波长和雾化时间的影响规律。其中，横坐标为对数坐标，纵坐标为笛卡尔坐标。

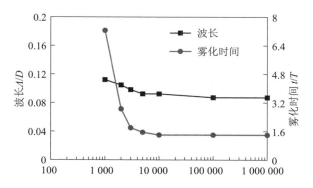

图 6.27　雷诺数对波长和雾化时间的影响规律（Case S – H）

如图 6.27 所示，随着 Re_{sim} 的增加，波长逐渐减小，但是与 We_{sim} 的影响相比，Re_{sim} 对波长的影响很小，这与 2.3.2.1 小节中关于液滴黏性对雾化子液滴平均直径的实验结果相一致。

随着 Re_{sim} 的增加，雾化时间先迅速减小，然后趋于收敛。表明 Re_{sim} 越大，液滴越容易发生雾化，且雾化时间也不会随着 Re_{sim} 的增加而变得无穷小，当 $Re_{sim} > 10^4$ 时，黏性力对波长和雾化时间的影响可以忽略。

综上所述，Bo_{sim}、$\rho_{G/L}$ 和 Re_{sim} 对液滴表面波平均波长的影响较小，随着这些参数的增加，平均波长增大或减小的幅度很小，可以忽略；$\mu_{G/L}$ 对平均波长基本没有影响；We_{sim} 对平均波长的影响较大，随着 We_{sim} 的增加，平均波长先不断减小，然后慢慢趋于收敛，并通过数据拟合，得到了雾化子液滴平均直径经验公式的无量纲形式为：$d_m^* = (1.0 \pm 0.1) \cdot We_{sim}^{-1/3}$。

Bo_{sim}、We_{sim} 和 Re_{sim} 对雾化时间的影响规律均为：随着这些参数的增加，雾化时间先迅速减小，然后趋于收敛，分别当 $We_{sim} > 10^4$ 和 $Re_{sim} > 10^4$ 时，表面张力和黏性力对雾化时间的影响可以忽略；随着 $\rho_{G/L}$ 的增加，雾化时间先保持不变，然后迅速增大，当 $\rho_{G/L} < 0.1$ 时，$\rho_{G/L}$ 对雾化时间的影响可以忽略；$\mu_{G/L}$ 对雾化时间基本没有影响。

6.3.2 液滴雾化的临界条件

液滴雾化的加速度（或邦德数）阈值是二次雾化模型中另一个非常重要的特征参数，其决定了初次雾化形成的液滴会在什么时间和在什么位置发生二次雾化。

对于直喷式内燃机，缸内的燃油液滴是在空气中发生的二次雾化，虽然随着内燃机强化程度的提高，增压比越来越大，但是气液密度比 $\rho_{G/L}$ 依然小于 0.1，所以只需研究 Re_{sim} 和 We_{sim} 对液滴雾化邦德数阈值 Bo_{sim}^{Δ} 的影响规律。由于内燃机的燃烧持续期通常为 $30° \sim 60°CA$，所以燃油液滴必须在几毫秒甚至更短的绝对时间内完成雾化和蒸发过程，并与空气充分混合。

因此，本书以雾化时间 $3T$ 为标准，来确定 Faraday 不稳定性下液滴雾化的阈值 Bo_{sim}^{Δ}。

仿真工况如表 6.4 的 Case S – I 所示，We_{sim} 的取值范围为 $10^3 \sim 10^5$，Re_{sim} 的取值范围为 $300 \sim 10^6$，计算停止时间设为：$t_{stop} = 3.0T$。

6.3.2.1 雷诺数和韦伯数对邦德数阈值的影响

图 6.28 为当 $We_{sim} = 10^5$ 时，液滴雾化阈值 Bo_{sim}^{Δ} 随 Re_{sim} 的变化规律。其中，横坐标为对数坐标，纵坐标为笛卡尔坐标。

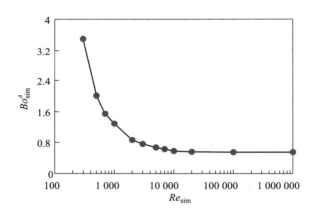

图 6.28 液滴雾化阈值 Bo_{sim}^{Δ} 随雷诺数的变化规律（$We_{sim} = 10^5$）

由图 6.28 可知，当 We_{sim} 一定时，随着 Re_{sim} 的增加，雾化阈值 Bo_{sim}^{Δ} 先迅速减小，然后逐渐趋于收敛，当 $Re_{sim} \geqslant 10^4$ 时，Bo_{sim}^{Δ} 基本保持不变。由线性理论分析可知，增加液滴的黏性或表面张力都会减小液滴表面波的线性增长率，从而使液滴的不稳定性减弱。保持 We_{sim} 不变而增加 Re_{sim} 就意味着保持液滴的表面张力不变而减小液滴的黏性。当 Re_{sim} 较小时，随着 Re_{sim} 的增加，雾化阈值 Bo_{sim}^{Δ} 迅速减小，表明此时液滴黏性对雾化阈值的影响占主要作用，黏性越小，表面波的线性增长率越大，液滴越不稳定，所以雾化阈值不断减小。当 $Re_{\text{sim}} \geqslant 10^4$ 时，液滴黏性过小，此时表面张力对雾化阈值的影响占主要作用，所以继续增大 Re_{sim}，Bo_{sim}^{Δ} 基本保持不变。

图 6.29 为当 $Re_{\text{sim}} = 10^6$ 时，液滴雾化阈值 Bo_{sim}^{Δ} 随 We_{sim} 的变化规律。其中，横坐标为对数坐标，纵坐标为笛卡尔坐标。

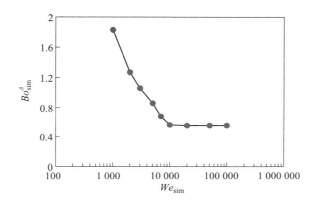

图 6.29　液滴雾化阈值 Bo_{sim}^{Δ} 随韦伯数的变化规律（$Re_{\text{sim}} = 10^6$）

由图 6.29 可知，当 Re_{sim} 一定时，随着 We_{sim} 的增加，雾化阈值 Bo_{sim}^{Δ} 同样也先迅速减小，然后保持稳定，当 $We_{\text{sim}} \geqslant 10^4$ 时，Bo_{sim}^{Δ} 基本保持不变。同理，当 We_{sim} 较小时，此时表面张力对雾化阈值的影响占主要作用，所以随着 We_{sim} 的增加，雾化阈值不断减小。当 $We_{\text{sim}} \geqslant 10^4$ 时，此时液滴黏性对雾化阈值的影响占主要作用，所以继续增大 We_{sim}，Bo_{sim}^{Δ} 基本保持不变。

6.3.2.2　邦德数阈值的等高线图

为了得到 Case S-I 中所有工况下液滴雾化的阈值 Bo_{sim}^{Δ}，本节对所有仿真工况进行了逐个计算，并采用二分法确定雾化阈值 Bo_{sim}^{Δ}，且 Bo_{sim}^{Δ} 的精度为 0.01。从而得到了 Faraday 不稳定性下液滴雾化阈值 Bo_{sim}^{Δ} 的等高线图，如图 6.30 所示，展示了 We_{sim} 和 Re_{sim} 对液滴雾化阈值 Bo_{sim}^{Δ} 的影响规律。其中，横、纵坐标均为对数坐标。

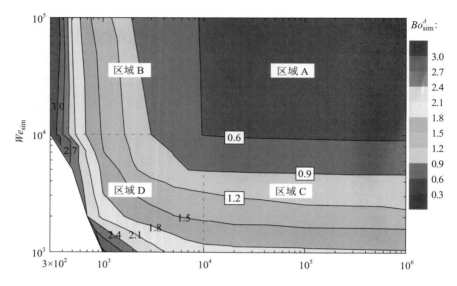

图6.30 We_{sim} 和 Re_{sim} 对液滴雾化阈值 Bo_{sim}^{Δ} 的影响规律（Case S-I）（见彩插）

如图 6.30 所示，根据液滴雾化的阈值 Bo_{sim}^{Δ} 随 We_{sim} 和 Re_{sim} 的变化规律，可将等高线图所包围的面积可划分为 4 个区域。

区域 A：当 $We_{sim} \geqslant 10^4$ 且 $Re_{sim} \geqslant 10^4$ 时，液滴雾化的阈值 Bo_{sim}^{Δ} 基本与 We_{sim} 和 Re_{sim} 无关，$Bo_{sim}^{\Delta} \in [0.55, 0.60]$；

区域 B：仅当 $We_{sim} \geqslant 10^4$ 时，液滴雾化的阈值 Bo_{sim}^{Δ} 随 Re_{sim} 的增加而近似单调递减；

区域 C：仅当 $Re_{sim} \geqslant 10^4$ 时，液滴雾化的阈值 Bo_{sim}^{Δ} 随 We_{sim} 的增加而近似单调递减；

区域 D：当 $We_{sim} < 10^4$ 且 $Re_{sim} < 10^4$ 时，液滴雾化的阈值 Bo_{sim}^{Δ} 同时随 We_{sim} 和 Re_{sim} 的增加不断减小。

此外，随着 We_{sim} 和 Re_{sim} 的增加，区域 B、C 和 D 都将最终收敛于区域 A。

参 考 文 献

［1］ Law C K. Fuel Options for Next – Generation Chemical Propulsion ［J］. AIAA Journal，2012，50（1）：19 – 36.

［2］ Reitz R D. Directions in internal combustion engine research ［J］. Combustion and Flame，2013，160（1）：1 – 8.

［3］ 国务院. 国务院关于印发节能与新能源汽车产业发展规划（2012 — 2020 年）的通知 ［EB/OL］. 2012 ［2022 – 03 – 15］. http：//www. gov. cn/zwgk/2012 – 07/09/content_2179032. htm.

［4］ 中华人民共和国环境保护部. GB 18352. 6—2016 轻型汽车污染物排放限值及测量方法（中国第六阶段）［S］.

［5］ Amann M，Ouwenga D. Engine Parameter Optimization for Improved Engine and Drive Cycle Efficiency for Boosted，GDI Engines with Different Boosting System Architecture. SAE Technical Paper 2014 – 01 – 1204，2014.

［6］ 黄佐华. 内燃机节能与洁净利用开发与研究的现状与前沿 ［J］. 汽车安全与节能学报, 2010, 1 (2): 89 - 97.

［7］ Cha J, Yang S Y, Naser N, et al., High pressure and split injection strategies for fuel efficiency and emissions indi diosel engine ［J］. SAE Technical Papers, 2015 - 01 - 1823, 2015.

［8］ 江涛, 林学东, 李德刚. 超高压喷射对直喷柴油机混合气形成、燃烧及排放的特性影响 ［J］. 吉林大学学报: 工学版, 2016, 46 (5): 1484 - 1493.

［9］ 解茂昭. 内燃机计算燃烧学 ［M］. 大连: 大连理工大学出版社, 2005.

［10］ Hsiang L - P, Faeth G M. Near - limit drop deformation and secondary breakup ［J］. International Journal of Multiphase Flow, 1992, 18 (5): 635 - 652.

［11］ Hsiang L - P, Faeth G M. Drop properties after secondary breakup ［J］. International Journal of Multiphase Flow, 1993, 19 (5): 721 - 735.

［12］ Hwang S, Liu Z, Reitz R D. Breakup mechanisms and drag coefficients of high - speed vaporizing liquid drops ［J］. Atomization and Sprays, 1996, 6 (3): 353 - 376.

［13］ Lee C H, Reitz R D. An experimental study of the effect of gas density on the distortion and breakup mechanism of drops in high speed gas stream ［J］. International Journal of Multiphase Flow, 2000, 26 (2): 229 - 244.

［14］ Chang S E, Reitz R D. Effect of liquid properties on the breakup mechanism of high - speed liquid drops ［J］. Atomization and Sprays, 2001, 11 (1): 1 - 19.

［15］ Dinh T N, Li G J, Theofanous T G. An Investigation of Droplet Breakup in a High Mach, Low Weber Number Regime ［C］// 41st Aerospace

Sciences Meeting. Nevada, 2003: 5 - 8.

[16] Joseph D D, Belanger J, Beavers G S. Breakup of a liquid drop suddenly exposed to a high – speed airstream [J]. International Journal of Multiphase Flow, 1999, 25 (6): 1263 – 1303.

[17] Ortiz C, Joseph D D, Beavers G S. Acceleration of a liquid drop suddenly exposed to a high – speed airstream [J]. International Journal of Multiphase Flow, 2004, 30 (2): 217 – 224.

[18] 耿继辉, 叶经方, 王健, 等. 激波诱导液滴变形和破碎现象实验研究 [J]. 工程热物理学报, 2003, 24 (5): 797 – 800.

[19] 蒋德军, 赵辉, 刘海峰, 等. 黏性流体的二次雾化特性 [J]. 石油学报：石油加工, 2011, 27 (4): 575 – 582.

[20] 林长志, 郭烈锦, 张西民. 剪切流中液滴变形断裂机理的实验研究 [J]. 工程热物理学报, 2007, 28 (6): 971 – 973.

[21] Han J, Tryggvason G. Secondary breakup of axisymmetric liquid drops. I. Acceleration by a constant body force [J]. Physics of Fluids (1994 – present), 1999, 11 (12): 3650 – 3667.

[22] Han J, Tryggvason G. Secondary breakup of axisymmetric liquid drops. II. Impulsive acceleration [J]. Physics of Fluids (1994 – present), 2001, 13 (6): 1554 – 1565.

[23] Aalburg C, Leer B V, Faeth G. Deformation and drag properties of round drops subjected to shock – wave disturbances [J]. AIAA Journal, 2003, 41 (12): 2371 – 2378.

[24] Quan S, Schmidt D P. Direct numerical study of a liquid droplet impulsively accelerated by gaseous flow [J]. Physics of Fluids (1994 – present), 2006, 18 (10): 102 – 103.

[25] 虞育松, 李国岫. 基于气液两相流大涡模拟研究柴油喷射的雾化过程 [J]. 内燃机工程, 2009, 30 (3): 39 – 44.

[26] 蔡斌，李磊，王照林. 液滴在气流中破碎的数值分析 [J]. 工程热物理学报，2003，24（4）：613－616.

[27] 魏明锐，沃傲波，文华. 燃油喷雾初始破碎及二次雾化机理的研究 [J]. 内燃机学报，2009，27（2）：128－133.

[28] 刘红，王淑春，解茂昭，等. 单液滴撞击薄液膜产生二次雾化过程的数值模拟 [J]. 燃烧科学与技术，2012，18（1）：38－43.

[29] JING L，XU X. Direct numerical simulation of secondary breakup of liquid drops [J]. Chinese Journal of Aeronautics，2010，23（2）：153－161.

[30] Habchi，C.，et al. Modeling atomization and break up in high－pressure diesel sprays. SAE Technical Paper，1997，970881.

[31] O'Rourke，P. and Amsden. The Tab Method for Numerical Calculation of Spray Droplet Brcakup，SAE Technical Paper，1987，872089.

[32] Pilch M，Erdman C. Use of breakup time data and velocity history data to predict the maximum size of stable fragments for acceleration－induced breakup of a liquid drop [J]. International Journal of Multiphase Flow，1987，13（6）：741－757.

[33] Reitz R D. Modeling atomization processes in high－pressure vaporizing sprays [J]. Atomisation Spray Technology，1987，3（4）：309－337.

[34] Su T，Patterson M，Reitz R D，et al. Experimental and numerical studies of high pressure multiple injection sprays [C]. International Congress & Expositing，1996.

[35] 成晓北，鞠洪玲. 高压喷射雾化液滴的二次破碎机理 [J]. 华中科技大学学报：自然科学版，2008，36（10）：125－128.

[36] 蒋勇，范维澄. 喷雾过程中液滴不稳定破碎的研究 [J]. 火灾科学，2000，9（3）：1－5.

[37] 李强. 考虑液滴碰撞、破碎和相变的发动机燃烧流场研究 [D]. 西安：西北工业大学，2003.

[38] Reitz R, Bracco F. Mechanism of atomization of a liquid jet [J]. Physics of Fluids, 1982, 25 (10): 1730 – 1742.

[39] Shinjo J, Umemura A. Simulation of liquid jet primary breakup: Dynamics of ligament and droplet formation [J]. International Journal of Multiphase Flow, 2010, 36 (7): 513 – 532.

[40] Faraday M. On a Peculiar Class of Acoustical Figures; and on Certain Forms Assumed by Groups of Particles upon Vibrating Elastic Surfaces [J]. Philosophical Transactions of the Royal Society of London, 1831 (121): 299 – 340.

[41] Benjamin T B, Ursell F. The stability of the plane free surface of a liquid in vertical periodic motion [J]. Proceedings of The Royal Society A: Mathematical, Physical and Engineering Sciences, 1954, 225 (1163): 505 – 515.

[42] Raffinot, Mathieu. Flexible pattern matching in strings [M]. Cambridge University Press, 2002.

[43] Ciliberto S, Gollub J P. Phenomenological model of chaotic mode competition in surface waves [J]. IL Nuovo Cimento D, 1985, 6 (4): 309 – 316.

[44] Eisenmenger W. Dynamic properties of the surface tension of water and aqueous solutions of surface active agents with standing capillary waves in the frequency range from 10 kc/s to 1.5 Mc/s [J]. Acta Acustica united with Acustica, 1959, 9 (4): 327 – 340.

[45] Miles J W. Surface – wave damping in closed basins [J]. Proceedings of The Royal Society A: Mathematical, Physical and Engineering Sciences, 1967, 297 (1451): 459 – 475.

[46] Kumar K, Tuckerman L S. Parametric instability of the interface between two fluids [J]. Journal of Fluid Mechanics, 1994, 279 (1): 49 – 68.

[47] Kumar K. Linear Theory of Faraday Instability in Viscous Liquids [J].

Proceedings of The Royal Society A: Mathematical, Physical and Engineering Sciences, 1996, 452 (1948): 1113 – 1126.

[48] Ebo Adou A – H, Tuckerman L S. Faraday instability on a sphere: Floquet analysis [J]. Journal of Fluid Mechanics, 2016, 805: 591 – 610.

[49] Fauve S, Kumar K, Laroche C, et al. Parametric instability of a liquid – vapor interface close to the critical point [J]. Physical Review Letters, 1992, 68 (21): 3160 – 3163.

[50] Edwards W S, Fauve S. Parametrically excited quasicrystalline surface waves [J]. Physical Review E, 1993, 47 (2): 788 – 791.

[51] Kumar S, Matar O K. The Faraday instability in a surfactant – covered liquid [C]. Proceedings of the Aps Division of Fluid Dynamics Meeting, F, 2003.

[52] Miles J W, Henderson D M. Parametrically Forced Surface Waves [J]. Annual Review of Fluid Mechanics, 1990, 22 (1): 143 – 165.

[53] Binks D J, Water V D W W. Nonlinear pattern formation of Faraday waves [J]. Physical Review Letters, 1997, 78 (21): 4043 – 4046.

[54] Archer A J, Rucklidge A M, Knobloch E. Quasicrystalline order and a crystal – liquid state in a soft – core fluid [J]. Physical Review Letters, 2013, 111 (16): 165501.

[55] CHEN P L, Vinals J. Pattern selection in Faraday waves [J]. Physical Review Letters, 1997, 79 (14): 2670 – 2673.

[56] ZHANG W, Vinals J. Square patterns and quasipatterns in weakly damped Faraday waves [J]. Physical Review E, 1996, 53 (5): R4283 – R4286.

[57] ZHANG W, Vinals J. Pattern formation in weakly damped parametric surface waves driven by two frequency components [M]. Elsevier Science Publishers B. V, 1998: 225 – 243.

［58］ Zhang W，Vinals J. Pattern formation in weakly damped parametric surface waves ［J］. Journal of Fluid Mechanics，1997，336（7）：301 – 330.

［59］ Zhang W，Vinals J. Numerical study of pattern formation in weakly damped parametric surface waves ［M］. Elsevier Science Publishers B. V. ，1998：225 – 243.

［60］ Kudrolli A，Gollub J P. Patterns and spatiotemporal chaos in parametrically forced surface waves：a systematic survey at large aspect ratio ［J］. Physica D：Nonlinear Phenomena，1996，97（1）：133 – 154.

［61］ Westra M，Binks D J，De Water W V. Patterns of Faraday waves ［J］. Journal of Fluid Mechanics，2003，496：1 – 32.

［62］ Manceboand F J，Vega J M. Viscous Faraday waves in two – dimensional large – aspect – ratio containers ［J］. Journal of Fluid Mechanics，2006，560：369 – 393.

［63］ Murakami Y，Chikano M. Two – dimensional direct numerical simulation of parametrically excited surface waves in viscous fluid ［J］. Physics of Fluids，2001，13（1）：65 – 74.

［64］ Ubal S，Giavedoni M D，Saita F A. A numerical analysis of the influence of the liquid depth on two – dimensional Faraday waves ［J］. Physics of Fluids，2003，15（10）：3099 – 3113.

［65］ Perinet N，Juric D，Tuckerman L S. Numerical simulation of Faraday waves ［J］. Journal of Fluid Mechanics，2009，635：1 – 26.

［66］ Kityk A V，Embs J P，Mekhonoshin V V，et al. Spatiotemporal characterization of interfacial Faraday waves by means of a light absorption technique ［J］. Physical Review E，2005，72（3）：036209.

［67］ 陈伟中，魏荣爵. 任意周期激励下的 Faraday 不稳定性分析 ［J］. 中国科学：A 辑，1998（4）：356 – 362.

［68］ 菅永军，鄂学全. 垂直激励圆柱形容器中的表面波特性研究 ［J］.

应用力学学报，2004（1）：5 – 12.

［69］菅永军，鄂学全，冯六林. 垂直激励圆柱形容器中的非线性表面波的不稳定性［C］//全国现代数学和力学学术会议，2004.

［70］菅永军，鄂学全，张杰. 圆柱形容器中竖直激励表面波的毛细影响［J］. 应用数学和力学，2006，27（2）：204 –210.

［71］CHEN P. Nonlinear wave dynamics in Faraday instabilities［J］. Physical Review E，2002. 65（3）：036308.

［72］刘财兴，杜会静，王怀翔，等. 垂直激励低黏度硅油的法拉第波研究［J］. 大学物理，2016，35（4）：52 –59.

［73］Daudet L，Ego V，Manneville S，et al. Secondary instabilities of surface waves on viscous fluids in the faraday instability［J］. Europhysics Letters，1995，32（4）：313 –318.

［74］Lang R J. Ultrasonic atomization of liquids［J］. Journal of the Acoustical Society of America，1962，34（1）：6 –8.

［75］Rajan R，Pandit A B. Correlations to predict droplet size in ultrasonic atomisation［J］. Ultrasonics，2001，39（4）：235 –255.

［76］Donnelly T D，Hogan J，Mugler A，et al. An experimental study of micron – scale droplet aerosols produced via ultrasonic atomization［J］. Physics of Fluids，2004，16（8）：2843 –2851.

［77］Yule A J，Suleimani Y A. On droplet formation from capillary waves on a vibrating surface［J］. Proceedings of The Royal Society A：Mathematical，Physical and Engineering Sciences，2000，456：1069 – 1085.

［78］Yule A，Al – Suleimani Y. A CFD Prediction of Wave Development and Droplet Production on Surface under Ultrasonic Excitation［C］. Ilass Eunspe，2002.

［79］Wright J，Yon S，Pozrikidis C. Numerical studies of two – dimensional Faraday oscillations of inviscid fluids［J］. Journal of Fluid Mechanics，

2000, 402: 1 – 32.

[80] Takagi K, Matsumoto T. Numerical simulation of two – dimensional Faraday waves with phase – field modelling [J]. Journal of Fluid Mechanics, 2011, 686: 409 – 425.

[81] Goodridge C L, Shi W T, Lathrop D P. Threshold dynamics of singular gravity – capillary waves [J]. Physical Review Letters, 1996, 76 (11): 1824 – 1827.

[82] Goodridge C L, Shi W T, Hentschel H G E, et al. Viscous effects in droplet – ejecting capillary waves [J]. Physical Review E, 1997, 56 (1): 472 – 475.

[83] Goodridge C L, Hentschel H G E, Lathrop D P. Breaking Faraday waves: critical slowing of droplet ejection rates [J]. Physical Review Letters, 1999, 82 (15): 3062 – 3065.

[84] Vukasinovic B, Smith M K, Glezer A. Mechanisms of free – surface breakup in vibration – induced liquid atomization [J]. Physics of Fluids, 2007, 19 (1): 012104.

[85] Puthenveettil B A, Hopfinger E J. Evolution and breaking of parametrically forced capillary waves in a circular cylinder [J]. Journal of Fluid Mechanics, 2009, 633: 355 – 379.

[86] James A J, Vukasinovic B, Smith M K, et al. Vibration – induced drop atomization and bursting [J]. Journal of Fluid Mechanics, 2003, 476: 1 – 28.

[87] James A J, Smith M K, Glezer A. Vibration – induced drop atomization and the numerical simulation of low – frequency single – droplet ejection [J]. Journal of Fluid Mechanics, 2003, 476: 29 – 62.

[88] Vukasinovic B, Smith M K, Glezer A. Spray characterization during vibration – induced drop atomization [J]. Physics of Fluids, 2004, 16

(2): 306 – 316.

[89] Vukasinovic B, Smith M K, Glezer A R I. Dynamics of a sessile drop in forced vibration [J]. Journal of Fluid Mechanics, 2007, 587: 395 – 423.

[90] Okada M, Okada M. Observation of the shape of a water drop on an oscillating Teflon plate [J]. Experiments in Fluids, 2006, 41 (5): 789 – 802.

[91] Brunet P, Snoeijer J H. Star – drops formed by periodic excitation and on an air cushion – A short review [J]. European Physical Journal, Special Topics, 2011, 192: 207 – 226.

[92] Qi A, Yeo L Y, Friend J. Interfacial destabilization and atomization driven by surface acoustic waves [J]. Physics of Fluids, 2008, 20 (7).

[93] Tan M K, Friend J, Matar O, et al. Capillary wave motion excited by high frequency surface acoustic waves [J]. Physics of Fluids, 2010, 22 (11).

[94] Simon J C, Sapozhnikov O A, Khokhlova V A, et al. Ultrasonic atomization of liquids in drop – chain acoustic fountains [J]. Journal of Fluid Mechanics, 2015, 766: 129 – 146.

[95] Haralick R M, Shapiro L G. Computer and Robot Vision – Volume 1 [J]. IEEE Robotics & Automation Magazine, 1992, 18 (2): 121 – 122.

[96] LI Y, Umemura A. Two – dimensional numerical investigation on the dynamics of ligament formation by Faraday instability [J]. International Journal of Multiphase Flow, 2014, 60: 64 – 75.

[97] Stone H A, Bentley B J, Leal L G. An experimental study of transient effects in the breakup of viscous drops [J]. Journal of Fluid Mechanics, 1986, 173 (1): 131 – 58.

[98] LI Y, Umemura A. Threshold condition for spray formation by Faraday

instability [J]. Journal of Fluid Mechanics, 2014, 759: 73 – 103.

[99] GUO H, MA X, LI Y, et al. Effect of flash boiling on microscopic and macroscopic spray characteristics in optical GDI engine [J]. Fuel, 2017, 190: 79 – 89.

[100] WANG Z, MA X, JIANG Y, et al. Influence of deposit on spray behaviour under flash boiling condition with the application of closely coupled split injection strategy [J]. Fuel, 2017, 190: 67 – 78.

[101] Afferrante L, Carbone G. The effect of drop volume and micropillar shape on the apparent contact angle of ordered microstructured surfaces [J]. Soft Matter, 2014, 10 (22): 3906 – 3914.

[102] Harkins W V. The physical chemistry of surfaces films [M]. REINHOLD, 1952.

[103] 张鹏, 俞刚. 高 Bond 数下黏性液滴的 Rayleigh – Taylor 不稳定性 [J]. 力学学报, 2006, 38 (3): 289 – 295.

[104] Landau L D, Lifshitz E M. Fluid Mechanics [M]//LANDAU L D, LIFSHITZ E M. Fluid Mechanics (Second Edition). Pergamon, 1987: 313 – 360.

[105] Tzou H S, Bergman L A. Dynamics and control of distributed systems [M]. Cambridge University Press, 1998.

[106] LAMB H. Hydrodynamics [M]. Hydrodynamics New York Dover, 1945, 6 (4): 181 – 185.

[107] Harper E Y, Grube G W, Chang I. On the breakup of accelerating liquid drops [J]. Journal of Fluid Mechanics, 1972, 52 (3): 565 – 591.

[108] Chandrasekhar S. Hydrodynamic and Hydromagnetic Stability [M]. Clarendon Press, 1961.

[109] Rayleigh L. On the Capillary Phenomena of Jets [J]. Proceedings of The Royal Society of London, 1879, 29: 71 – 97.

［110］ 曹建明. 液体喷雾学［M］. 北京：北京大学出版社，2013.

［111］ LI Y, ZHANG P, KANG N. Linear analysis on the interfacial instability of a spherical liquid droplet subject to a radial vibration［J］. Physics of Fluids, 2018, 30（102104）.

［112］ Liu F, Kang N, Li Y, et al. Experimental investigation on the atomization of a spherical droplet induced by Faraday instability［J］. Experimental Thermal & Fluid Science, 2019, 100：311－318.

［113］ Hsieh D Y. On Mathieu equation with damping［J］. Journal of Mathematical Physics, 1980, 21（4）：722－725.

［114］ Turyn L. The Damped Mathieu Equation［J］. Quarterly of Applied Mathematics, 1993, 51（2）：389－398.

［115］ 张鹏. 超音速气流中加速液滴的 Rayleigh－Taylor 不稳定性［D］. 北京：中国科学院力学研究所，2003.

［116］ Plesset M S, Whipple C G. Viscous effects in Rayleigh－Taylor instability ［J］. The Physics of Fluids, 1974, 17（1）：1－7.

［117］ SIR WILLIAM THOMSON F. R. S XLVI. Hydrokinetic solutions and observations［J］. The London, Edinburgh, and Dublin Philosophical Magazine and Journal of Science, 1871, 42（281）：362－377.

［118］ Terrones G, Carrara M D. Rayleigh－Taylor instability at spherical interfaces between viscous fluids：Fluid/vacuum interface［J］. Physics of Fluids, 2015, 27（5）：054105.

［119］ Brackbill J U, Kothe D B, Zemach C. A continuum method for modeling surface tension［J］. Journal of Computational Physics, 1992, 100（2）：335－354.

［120］ NICHOLS B D, HIRT C W, HOTCHKISS R S. SOLA－VOF：A solution algorithm for transient fluid flow with multiple free boundaries ［R］. Nasa Sti/recon Technical Report N, 1980.

[121] Harlow F H, Welch J E. Numerical Calculation of Time – Dependent Viscous Incompressible Flow of Fluid with Free Surface [J]. The Physics of Fluids, 1965, 8 (12): 2182 – 2189.

[122] Scardovelli R, Zaleski S. Direct numerical simulation of free – surface and interfacial flow [J]. Annual Review of Fluid Mechanics, 1999, 31 (1): 567 – 603.

[123] Glimm J, Mcbryan O, Menikoff R, et al. Front Tracking Applied to Rayleigh – Taylor Instability [J]. SIAM Journal on Scientific and Statistical Computing, 1986, 7 (1): 230 – 251.

[124] Tryggvason G, Unverdi S O. Computations of three – dimensional Rayleigh – Taylor instability [J]. Physics of Fluids A: Fluid Dynamics, 1990, 2 (5): 656 – 659.

[125] Hirt C W, Nichols B D. Volume of fluid (VOF) method for the dynamics of free boundaries [J]. Journal of Computational Physics, 1981, 39 (1): 201 – 225.

[126] Ashgriz N, Poo J Y. FLAIR: Flux line – segment model for advection and interface reconstruction [J]. Journal of Computational Physics, 1991, 93 (2): 449 – 468.

[127] Rider W J, Kothe D B. Reconstructing Volume Tracking [J]. Journal of Computational Physics, 1998, 141 (2): 112 – 152.

[128] Garrioch S H, Baliga B R. A PLIC volume tracking method for the simulation of two – fluid flows [J]. International Journal for Numerical Methods in Fluids, 2006, 52 (10): 1093 – 1134.

[129] Pilliod J E, Puckett E G. Second – order accurate volume – of – fluid algorithms for tracking material interfaces [J]. Journal of Computational Physics, 2004, 199 (2): 465 – 502.

[130] Bell J B, Dawson C N, Shubin G R. An unsplit, higher order godunov

method for scalar conservation laws in multiple dimensions [J]. Journal of Computational Physics, 1988, 74 (1): 1 – 24.

[131] Sussman M, Smereka P, Osher S. A Level Set Approach for Computing Solutions to Incompressible Two – Phase Flow [J]. Journal of Computational Physics, 1994, 114 (1): 146 – 159.

[132] Sussman M, Fatemi E. An Efficient, Interface – Preserving Level Set Redistancing Algorithm and Its Application to Interfacial Incompressible Fluid Flow [J]. SIAM Journal on Scientific Computing, 1999, 20 (4): 1165 – 1191.

[133] Son G, Hur N. A coupled level set and volume – of – fluid method for the buoyancy – driven motion of fluid particles [J]. Numerical Heat Transfer, Part B: Fundamentals, 2002, 42 (6): 523 – 542.

[134] Van Der Pijl S P, Segal A, Vuik C, et al. A mass – conserving Level – Set method for modelling of multi – phase flows [J]. International Journal for Numerical Methods in Fluids, 2005, 47 (4): 339 – 361.

[135] Sussman M, Puckett E. A Coupled Level Set and Volume – of – Fluid Method for Computing 3D and Axisymmetric Incompressible Two – Phase Flows [J]. Journal of Computational Physics, 2000, 162: 301 – 37.

[136] Sussman M. A second order coupled level set and volume – of – fluid method for computing growth and collapse of vapor bubbles [J]. Journal of Computational Physics, 2002, 187 (1): 110 – 136.

[137] Sun D L, Tao W Q. A coupled volume – of – fluid and level set (VOSET) method for computing incompressible two – phase flows [J]. International Journal of Heat and Mass Transfer, 2010, 53 (4): 645 – 655.

[138] Ménard T, Tanguy S, Berlemont A. Coupling level set/VOF/ghost fluid methods: Validation and application to 3D simulation of the primary

break – up of a liquid jet ［J］. International Journal of Multiphase Flow, 2007, 33 （5）: 510 – 524.

［139］ Josserand C, Zaleski S. Droplet Splashing on a Thin Liquid Film ［J］. Physics of Fluids, 2003, 15 （6）: 1650 – 1657.

［140］ Umemura A, Shinjo J. Detailed SGS atomization model and its implementation to two – phase flow LES ［J］. Combustion & Flame, 2018, 232 – 252.

［141］ Renardy Y, Renardy M. PROST: a parabolic reconstruction of surface tension for the volume – of – fluid method ［J］. Journal of Computational Physics, 2002, 183 （2）: 400 – 421.

［142］ Francois M M, Cummins S J, Dendy E D, et al. A balanced – force algorithm for continuous and sharp interfacial surface tension models within a volume tracking framework ［J］. Journal of Computational Physics, 2006, 213 （1）: 141 – 173.

［143］ Cummins S J, Francois M M, Kothe D B. Estimating curvature from volume fractions ［M］. Pergamon Press, Inc. , 2005.

［144］ Rudman M. Volume – tracking methods for interfacial flow calculations ［J］. International Journal for Numerical Methods in Fluids, 1997, 24: 671 – 691.

［145］ Popinet S. An accurate adaptive solver for surface – tension – driven interfacial flows ［J］. Journal of Computational Physics, 2009, 228: 5838 – 5866.

［146］ Chorin A J. On the Convergence of Discrete Approximations to the Navier – Stokes Equations ［J］. Computational Fluid Mechanics, 1969, 23 （106）: 341 – 353.

［147］ Popinet S. Gerris: a tree – based adaptive solver for the incompressible Euler equations in complex geometries ［J］. Journal of Computational Physics, 2003, 190 （2）: 572 – 600.

［148］ Jiang L, Ting C－L, Perlin M, et al. Moderate and steep Faraday waves: instabilities, modulation and temporal asymmetries ［J］. Journal of Fluid Mechanics, 1996, 329 (1): 275－307.

［149］ Wright J, Yon S, Pozrikidis C. Numerical studies of two－dimensional Faraday Oscillations ofInviscid Fluids ［J］. Ence in China, 2000, 43: 638－646.

［150］ Akira U. Self－destabilizing mechanism of a laminar inviscid liquid jet issuing from a circular nozzle ［J］. Physical Review E, Statistical, Nonlinear, and Soft Matter Physics, 2011, 83 (4): 046307.

［151］ Akira, Umemura. Self－destabilizing mechanism of circular liquid jet First report: Capillary waves associated with liquid jet destabilization ［J］. Journal of the Japan Society for Aeronautical & Space Ences, 2007, 55 (640): 216－223.

［152］ Umemura A, Kawanabe S, Kojika H, et al. Findings from Microgravity Experiments on Low－Speed Water Jet Disintegration ［J］. Journal of the Japan Society for Aeronautical & Spaceences, 2010, 58 (680): 15－23.

［153］ Umemura A, Kawanabe S, Suzuki S, et al. Two－valued breakup length of a water jet issuing from a finite－length nozzle under normal gravity ［J］. Physical Review E Statistical Nonlinear & Soft Matter Physics, 2011, 84 (3): 036309.

［154］ Umemura A. A theoretical study on short－wavelength disintegration mechanism of liquid ligaments ［J］. Journal of the Japan Society for Aeronautical & Spaceences, 2008, 56 (652): 228－238.

［155］ STone H A, Leal L G. Relaxation and breakup of an initially extended drop in an otherwise quiescent fluid ［J］. Journal of Fluid Mechanics, 1989, 198: 399－427.

［156］ Schulkes R M S M. The evolution and bifurcation of a pendant drop ［J］. Journal of Fluid Mechanics, 1994, 278: 83 – 100.

［157］ Müller H W. Model equations for two – dimensional quasipatterns ［J］. Physical Review E Statistical Physics Plasmas Fluids & Related Interdisciplinary Topics, 1994, 49 (2): 1273 – 1277.

［158］ CHEN P, Viñals J. Amplitude equation and pattern selection in Faraday waves ［J］. Physical Review E Statistical Physics Plasmas Fluids & Related Interdisciplinary Topics, 1999, 60 (1): 559 – 570.

［159］ Aranson I, Kramer L. The World of the Complex Ginzburg – Landau Equation ［J］. Review of Modern Physics, 2001, 74 (1): 99 – 143.

［160］ Gorokhovski M, Herrmann M. Modeling primary atomization ［J］. Annu Rev Fluid Mech, 2008, 40: 343 – 366.

［161］ De Jesus W C, Roma A M, Pivello M R, et al. A 3D front – tracking approach for simulation of a two – phase fluid with insoluble surfactant ［J］. J Comput Phys, 2015, 281: 403 – 420.

［162］ Hua J, Stene J F, Lin P. Numerical simulation of 3D bubbles rising in viscous liquids using a front tracking method ［J］. J Comput Phys, 2008, 227 (6): 3358 – 3382.

［163］ Tryggvason G, Bunner B, Esmaeeli A, et al. A front – tracking method for the computations of multiphase flow ［J］. J Comput Phys, 2001, 169 (2): 708 – 759.

［164］ CHEN S, Johnson D B, Raad P E, et al. The surface marker and micro cell method ［J］. International Journal for Numerical Methods in Fluids, 2015, 25 (7): 749 – 778.

［165］ Raad P, Bidoae R. The three – dimensional Eulerian – Lagrangian marker and micro cell method for the simulation of free surface flows ［J］. Journal of Computational Physics, 2005, 203: 668 – 699.

［166］López J, Hernández J, Gómez P, et al. An improved PLIC – VOF method for tracking thin fluid structures in incompressible two – phase flows ［J］. Journal of Computational Physics, 2005, 208（1）: 51 – 74.

［167］Saincher S, Banerjee J. A Redistribution – Based Volume – Preserving PLIC – VOF Technique ［J］. Numerical Heat Transfer Part B – Fundamentals, 2015, 67: 338 – 362.

［168］Puckett E G, Saltzman J S. A 3D adaptive mesh refinement algorithm for multimaterial gas dynamics ［J］. Physica D, 1992, 60: 84 – 93.

［169］Parker B J, Youngs D L, Technical Report 01/92 ［R］. Aldermaston, Berkshire: UK Atomic Weapons Establishment, 1992.

［170］Puckett E G. A volume – of – fluid interface tracking algorithm with applications to computing shock wave refraction ［C］//Proceedings of the the Fourth International Symposium on Computational Fluid Dynamics, Davis, CA, F, 1991.

［171］Pilliod J E. An analysis of piecewise linear interface reconstruction algorithms for volume – of – fluid methods ［D］. University of California, Davis, 1992.

［172］Gerlach D, Tomar G, Biswas G, et al. Comparison of volume – of – fluid methods for surface tension – dominant two – phase flows ［J］. Int J Heat Mass Transf, 2006, 49: 740 – 754.

［173］Chang Y C, Hou T Y, Merriman B, et al. A level set formulation of eulerian interface capturing methods for incompressible fluid flows ［J］. J Comput Phys, 1996, 124（2）: 449 – 464.

［174］Osher S, Fedkiw R P. Level set methods: An overview and some recent results ［J］. J Comput Phys, 2001, 169（2）: 463 – 502.

［175］Sussman M, Smereka P, Osher S. A level set approach for computing solutions to incompressible two – phase flow ［M］. Department of Mathematics, University of California, Los Angeles, 1994.

［176］ Sethian J A, Smereka P. Level set methods for fluid interfaces ［J］. Annu Rev Fluid Mech, 2003, 35: 341 – 372.

［177］ Van Der Pijl S, Segal A, Vuik C, et al. A mass – conserving Level – Set method for modelling of multi – phase flows ［J］. Int J Numer Methods Fluids, 2005, 47 (4): 339 – 361.

［178］ Sethian J A. Level set methods and fast marching methods: evolving interfaces in computational geometry, fluid mechanics, computer vision, and materials science ［M］. Cambridge Univ Pr, 1999.

［179］ Liu X M, Zhang B, Sun J J. An improved implicit re – initialization method for the level set function applied to shape and topology optimization of fluid ［J］. J Comput Appl Math, 2015, 281: 207 – 209.

［180］ Nourgaliev R R, Wiri S, Dinh N T, et al. On improving mass conservation of level set by reducing spatial discretization errors ［J］. Int J Multiph Flow, 2005, 31 (12): 1329 – 1336.

［181］ Remacle J F, Chevaugeon N, Marchandise E, et al. Efficient visualization of high – order finite elements ［J］. Int J Numer Methods Eng, 2007, 69 (4): 750 – 771.

［182］ Herrmann M. A balanced force refined level set grid method for two – phase flows on unstructured flow solver grids ［J］. J Comput Phys, 2008, 227 (4): 2674 – 2706.

［183］ Sussman M, Almgren A S, Bell J B, et al. An adaptive level set approach for incompressible two – phase flows ［J］. J Comput Phys, 1999, 148 (1): 81 – 124.

［184］ Mccaslin J O, Desjardins O. A localized re – initialization equation for the conservative level set method ［J］. J Comput Phys, 2014, 262: 408 –

426.

[185] Yokoi K. A practical numerical framework for free surface flows based on CLSVOF method, multi – moment methods and density – scaled CSF model: Numerical simulations of droplet splashing [J]. Journal of Computational Physics, 2013, 232 (1): 252 – 271.

[186] Wang Z, Yang J, Koo B, et al. A coupled level set and volume – of – fluid method for sharp interface simulation of plunging breaking waves [J]. International Journal of Multiphase Flow, 2009, 35 (3): 227 – 246.

[187] Van Der Pijl S P, Segal A, Vuik C, et al. Computing three – dimensional two – phase flows with a mass – conserving level set method [J]. Computing and Visualization in Science, 2008, 11 (4): 221 – 235.

[188] Ray B, Biswas G, Sharma A, Et Al. Clsvof method to study consecutive drop impact on liquid pool [J]. International Journal of Numerical Methods for Heat & Fluid Flow, 2013, 23 (1): 143 – 158.

[189] Luo K, Shao C, Yang Y, et al. A mass conserving level set method for detailed numerical simulation of liquid atomization [J]. Journal of Computational Physics, 2015, 298: 495 – 519.

[190] Garrioch S, Baliga B. A PLIC volume tracking method for the simulation of two – fluid flows [J]. Int J Numer Methods Fluids, 2006, 52 (10): 1093 – 1134.

[191] Bhaga D, Weber M E. Bubbles in viscous liquids: shapes, wakes and velocities [J]. Journal of Fluid Mechanics, 1981, 105: 61 – 85.

[192] Ramaprabhu P, Andrews M. Experimental investigation of Rayleigh – Taylor mixing at small Atwood numbers [J]. J Fluid Mech, 2004, 502: 233 – 271.

[193] Davies R M, Taylor G I. The mechanics of large bubbles rising through

extended liquids and through liquids in tubes ［J］. Proceedings of the Royal Society of London Series A Mathematical and Physical Sciences, 1950, 200 (1062): 375 – 390.

［194］ Layzer D. On the Instability of Superposed Fluids in a Gravitational Field ［J］. The Astrophysical Journal, 1955, 122 (1): 1 – 12.

［195］ Liu F, Kang N, LI Y. Numerical investigation on the mechanism of ligament formation aroused by Rayleigh – Taylor instability ［J］. Computers & Fluids, 2017, 154: 236 – 344.

［196］ Liu F, Xu Y, Li Y. A coupled level – set and volume – of – fluid method for simulating axi – symmetric incompressible two – phase flows ［J］. Applied Mathematics and Computation, 2017, 293: 112 – 130.

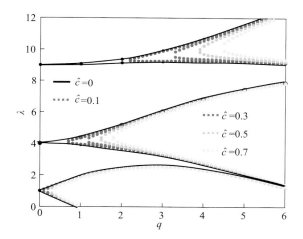

图 3.11 黏性液滴 Mathieu 方程（3.76）的不稳定图

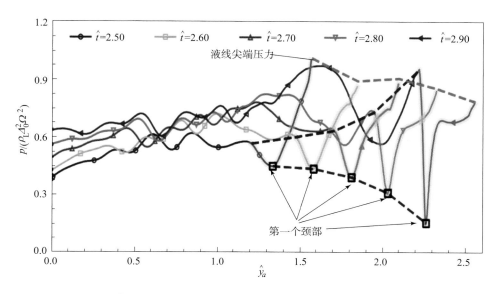

图 4.36 在 $0.0 \leqslant \hat{y}_a \leqslant 2.5$ 沿波峰中心线（$x=0$，$z=0$）上液滴形成过程中液相内的压力分布。粗灰线表示图 4.33 中标识的尖端破碎区域。红色虚线表示液线尖端的压力

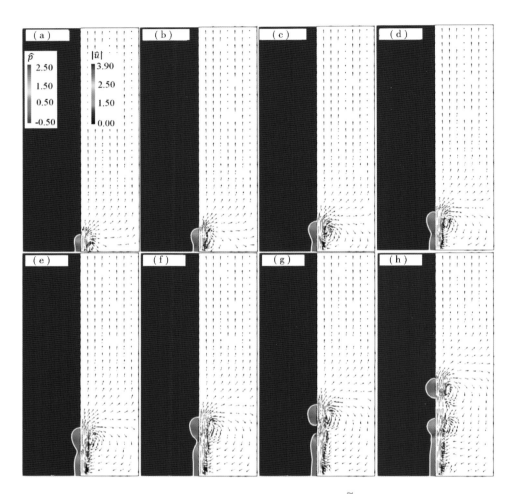

图 4.38 在加速度的前半个周期内，$We = 8.0$，$Bo = 1.4$ 和 $\widetilde{\Omega} = 1.0$ 条件下射流破碎过程的时间演化。（a）~（g）表示的时间范围为 0.10 ~ 0.40，时间间隔 0.05。（h）表示 $\hat{t} = 0.5$ 时的模拟结果。左半部分表示压力云图，白线为两相界面。右半部分表示速度向量，灰度表示其大小

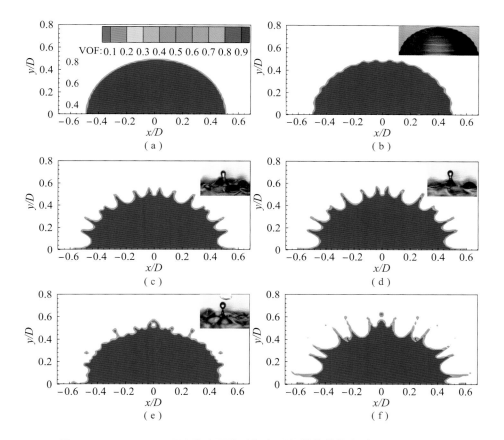

图 6.18 Case S – B 下液滴表面随时间变形和雾化的仿真结果及实验对比

（a） $t=0$；（b） $t=1.0T$；（c） $t=1.4T$；（d） $t=1.6T$；（e） $t=1.8T$；（f） $t=2.6T$

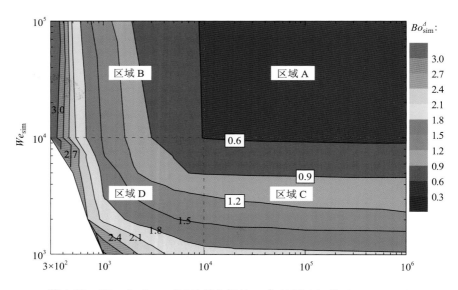

图 6.30 We_{sim} 和 Re_{sim} 对液滴雾化阈值 Bo_{sim}^{Δ} 的影响规律 （Case S-I）